这是你的船

主人翁精神行动指南

何　鹏◎著

中国华侨出版社

前言

在许多人眼中，人生就像是一次冒险，每个人都如水手一般，在广袤的大海中流浪，寻找着心中的瑰宝，寻找着人生的多种可能性。从这一点来看，“水手”这个词似乎可以当成是我们的一种职业了。想要到达人生的彼岸，不管未来在哪个岛屿，上一条“船”都是必经的途径。

有些人选择自驾一叶扁舟，但在喜怒无常的大海上，仅靠自己是很难乘风破浪的，于是大多数人都选择了团队协作，上了“大船”。也就是说，在当今这个竞争无比激烈的环境下，大部分人都为了自己的梦想选择了单位、企业等组织。

其实，组织就像是船，一条船要想在大海上安全航行，就需要船上的所有人共同努力。船上有船长、大副、二副、三副、水手长和水手，而水手恰恰是最多的，也是出力最多的。在机舱中，有轮机长、大管轮、机匠长和机工等，做着最基础工作的，一定是机工。万丈大楼平地起，基础恰恰是最为重要的一环。在组织当中，也是如此，我们往往在组织这条船上扮演着水手或是机工的角色，可事实上，我们只要身在船上，就理应为这条船出力，只有将组织真正看作是自己的船，我们才会为了它而奋斗，有一天才会真正成为船的主人。

在这个快速发展的环境当中，竞争异常激烈，那些时常改变的经济环境，丝毫不逊色于海上的风浪，稍有不慎，整体“翻船”也不是没有可能。想要抵御这样的窘境，仅仅靠船长一人是不可能做到的，只有每个人都齐心协力，共同配合，才能让自己的船乘风破浪。若是每个人都不把船看成自己的家，那么当船沉没的时候，我们也不可能全身而退。

或许如今的我们不是组织的管理者，但我们身在组织，至少证明了我们和组织是统一战线的，而非站在对立面，因此我们应该以主人的态度去工作、去拼搏。就像蝴蝶效应一般，即便我们没有站在组织的领导层，可我们的努力和奋斗还是可能影响到整个组织的进退。

让我们将组织真正看成自己的家吧，用心去维护，那么不论我们身在何位，都可以自豪地说，我是组织的主人！

Contents 目录

第一章
组织是船，载我乘风破浪

在这个团队协作的时代里，要想实现自己的终极目标，我们往往需要寻找一个载体，带着自己一起前进。组织，恰恰就是这样一个理想的载体。它为我们提供了平台和机会，让我们拥有了可以依靠的项背。那么，相应地，我们是否也应该要为组织做些什么呢？

第二章
我是船长，引领组织远航

组织，大家凝聚在一起才能称之为组织。既然组织需要大家共同努力，那么组织就应该属于我们每一个为之付出努力的人。我们需要对组织负责，不是因为一种强迫，而是因为我们属于组织，组织同样属于我们。我们每个身在组织中的人，都是组织的领航者。

第三章
我的船我负责，不找任何借口

组织是一条大船，它给我们提供了一个发展的平台，当然，与之相应的，我们需要对组织这条大船负起责任。责任，重于一切。不管工作当中是否我们所负责的环节出现了问题，我们都需要明白一点，只要我们身在组织，那么组织的一切都是我们义不容辞的责任。

第四章
忠于职守，与船共存亡

我们为什么身在组织？因为组织能够给我们提供追求未来的机会和条件。那么，我们对组织仅仅是利用吗？当然不是，就像人与人之间维系关系那样，人与组织之间，也要用忠诚来做基石。只有我们忠于组织，才能真正融入组织，引领组织。

第五章
精于维护，小心驶得万年船

再大的船也不能保证行驶万年，船能行驶多久关键在于我们怎样去维护它。组织亦是如此，发展只是一个目标，最根本的还是要学会维护、坚守。将这种责任划分到我们每个员工身上，我们就需要维护好自己的职责，做好工作，因为维护好自己，就是维护了组织。谨慎，着眼细节，才是制胜的根本。

第六章
服从船长，高效源于执行

我们每个人都是组织的主人，但真正做最终决定的往往只有一个人，就像在船上一样，是船长将大家团结在了一起。而我们身在组织，不管是从自身发展还是从组织前景来想，服从，都是我们融入组织，走向未来的第一步！

第七章
突破前程，在于无惧风浪

鸡蛋从外部使力是打破，从内部使力就是突破。组织这条大船要想前进，就必须有乘风破浪的勇气，直面困难的决断。而我们身在组织这条大船上，就更应该拥有和大船“同仇敌忾”的勇气和信念。告别恐惧，开拓创新，我们才能同组织一起迎接光明的未来。

第八章
同舟共济，协作凝聚力量

单打独斗，永远不可能战胜一个团队。我们既然登上了组织的大船，那么我们就不再是一个人，我们有组织，有同伴，这也注定了我们前进路上并不孤独。同舟共济，与组织里的其他成员共同配合，我们就能在最短的时间内登上成功的彼岸。

第九章
一朝在船，不辱使命敢担当

工作，不仅仅是谋生，更是一种使命。不管我们身在组织的基层还是顶层，在其位谋其政就是我们义不容辞的责任。我们有义务为了自己的工作，为了组织倾尽全力，也有必要修己正身，成为组织的表率。我们为了组织做一切的事都是有必要的，因为，那是我们的使命。

第十章
享受航行，苦中能作乐

航行是浪漫的旅程，即便路上可能遇到风雨和危险，但在看到美丽的日出日落时候，我们就会发现，过程虽然艰辛，但回忆总是美好的。人生有起伏，工作自然也会有起伏，只要我们有一个积极的心态，就能更好地投入到工作中去，体味苦中作乐的幸福。

第十一章
扬帆远航，与组织共成长

在我们加入组织的那一刻，也许组织已经初具规模，但不管多么庞大的组织，也都和人的成长是一样的，从蹒跚学步到跳跃奔跑。不管我们的组织现在怎样，未来它都是会成长的，就像我们自身一样。因此，我们要抱着信任的态度去和组织一起努力，扬帆远航，共同成长。

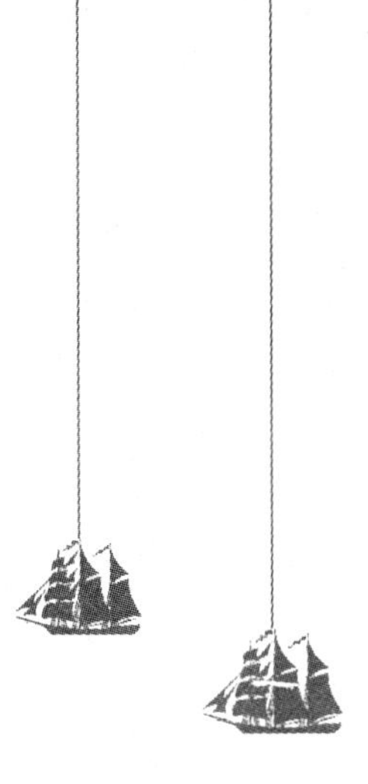

第一章
组织是船，载我乘风破浪

在这个团队协作的时代里，要想实现自己的终极目标，我们往往需要寻找一个载体，带着自己一起前进。组织，恰恰就是这样一个理想的载体。它为我们提供了平台和机会，让我们拥有了可以依靠的项背。那么，相应地，我们是否也应该要为组织做些什么呢?

组织是员工生存发展的平台

在森林的深处，有一个山洞，洞口蹲着一只兔子。有一天，一只狼经过，看到兔子并没有躲闪的意思，于是非常不高兴地问道："喂，兔子，难道你没有看到我吗？"

"看到了。"兔子拿着棍子在地上画着，头也不抬地说道。

"那你为什么不跑？"狼越来越好奇了。

"因为我在思考问题。"虽然狼一步步靠近，但兔子仍旧处变不惊的样子。狼一时有些好奇，便接着问道："你在思考什么问题？"

"兔子怎么把狼吃掉。"兔子抬起头，非常认真地说道。

狼听了哈哈大笑，它觉得兔子真是愚蠢。不过兔子不急不慢地说道："你如果不相信的话，可以跟我进山洞转一圈。"出于好奇，狼便跟着兔子进了山洞。过了不久，兔子自己走了出来，而狼则再也没有出来。

兔子的一个朋友好奇地问道："你难道真的把狼吃了？"

"怎么可能？"

"那狼怎么没有出来？"

“因为山洞里有一只老虎，我和它达成了协议，我帮它把动物引进山洞，这样它就不用去捕猎，交换条件就是它不吃我，并且可以保护我。”兔子没有隐瞒，说出了事实。

“那你岂不成了森林里的‘老大’了？你为什么还老老实实地守着山洞？为什么不上森林深处发展自己的势力呢？在老虎这里，你永远是一个员工。”兔子的朋友非常不解。

兔子听了则摇了摇头，说道：“我觉得我们两个更像是合作的关系，我们的合作可以让我们共同获利，现在我之所以能安然地在这周边吃草，全凭老虎的保护。离开了它，我就只是一只兔子。”

在很多组织当中，有努力奋斗的员工，也有混日子的员工，实际上，混日子的员工并不一定过得安逸，他们总是在抱怨：“组织的待遇不够好，我只是组织的工具，那么努力做什么？”其实，这些人只是光看到了自己为组织做的，而没有看到组织对他们的付出。

确实，组织与我们之间是雇佣与被雇佣的关系，但组织提供给我们的除了薪水之外，还有许多隐藏的福利。仔细想想看，升职的过程是否很像电脑游戏？入职就像是以一个新人的姿态登录某一个游戏，之后你一步步积累经验，积累分数和财富，全部以这个游戏为平台，离开了这个游戏，你依旧是一个“光杆司令”。

这也就说明了一个问题，组织看似只是雇佣我们，我们要给组织创造利益。但从我们自身发展来看，组织又何尝不是给了我们很多学习和发展的机会？其实，换一份工作并不难，难的是接触一份全新的工作。如果你有过这种经历，那么不管上一个组织让你有多么不满，现在至少应该懂得感恩了，毕竟，这个组织为你提供了一个学习和发展的平台，把你领进了门。从这一点来看，我们在组织得到的一切就是无价之宝。而更换工作后之所以能够得到比新人更好的待遇，也完全得益于之前组织对我们的培养。

当然，这并不是说频繁地换工作会给我们带来多大的好处，事实上，换工作从某一个程度来说仍旧是重新开始。如果我们愿意在当前的平台上施展抱负，那么我们无异于走上了一条成就自己的捷径。今天若是我们仍旧平庸无奇，那么想想看，自己是否真的在这个平台上付出了一切呢？

宋玉毕业之后进入了一家外贸公司工作。进入这家公司的原因很简单，因为这个公司在业界非常有名。可是刚过了3个月的试用期，宋玉就有了辞职的想法。朋友非常不解，便问她："做得好好的为什么要辞职呢？这个公司很难进的！"

宋玉叹了口气，说道："一开始我也这么想，现在我觉得它只是在我下次面试的时候能提供的漂亮的简历了。它除了名气大点之外，并没有咱们想得那么好。我是一个最基层的员工，每天都做很多杂事，薪水也不高。主管也不重视我，这样下去，也只是消磨光阴，还不如趁机跳槽。"

宋玉的朋友想了想，劝解道："你刚刚毕业，进入公司，没有什么实际经验，薪水不高也情有可原。再者说了，你对这个公司还不够了解，甚至于对这个行业都只是刚入门而已，不受重视也不是什么大事。你怎么不想想，你现在所在的这个大公司是业界最优秀的了，有多少资源、多少机会啊！你能保证到别的公司去就可以比现在好吗？我觉得你现在还是先冷静冷静，不管做什么，全当是积累经验，了解行业，等你对行业了解透彻了再辞职也不晚。"

听了朋友的话，宋玉冷静了下来，她觉得朋友的话没错，于是从第二天开始，她不再抱怨，而是认真努力工作，上司要她做什么她都认真学，不懂的就问。就这样，她的业绩开始不断提高，有了很多参与大项目的机会。一年过去后，宋玉非常感谢地对朋友说道："当初多亏了你，让我认识到了自己所在的组织是一个多么了不起的平台。后来我像你说的那样，踏踏实实工作，努力扩充自己的专业技能，如今我已经是项目经理了！现在我觉得不是组织离不了我，而是我离不开这个平台了！"

其实，很多事情都非常简单，只是一个视角的问题。在工作当中，我们或许被一些烦琐的小事冲淡了热情，或者顶着巨大的工作压力，让自己有一种被榨干的错觉，又或者，有些时候我们因为领导的批评而产生各种各样的负面情绪，进而感到整个组织都不适合自己，想要离开，以寻解脱。

可是，大多数人都忽略了一个问题，我们工作并非是为了组织，而是为了我们自己。诚然，我们为组织创造了利益，但我们和组织是一个共同体，我们的职业发展同组织的发展、命运和风险都是一样的，我们在组织这条船上，为其出力，而我们之所以能够乘风破浪，也多亏了组织这条船的庇佑。如果我们可以认识到这一点，那么工作就不会变得枯燥乏味，更不会让我们产生被利用的感觉了。

不管你是普通的职工还是管理层，离开了平台，就没有了施展抱负的空间。放眼天下，大部分的商界精英都是凭借着组织成长起来，最终走向成功的。吴士宏众所周知，而他的成长离不开微软公司这个平台，所以才能成为一个传奇。当然，他有能力，没有这个平台他也不一定不能成功，但也许他的成功会比现在晚上许多。

我们每个人都在努力适应这个快速发展的社会，都想以最快的速度成功，如此一来，若是有一个理想的平台，那么无异于我们乘上了成功的东风。每一个组织都可能在未来的某一天声名鹊起，到了那时，我们也会因为组织的发展而达成自己的人生目标。所以我们应该做的并不是厌弃自己的组织，而是尽可能利用这个平台学习、发展，带动组织进步的同时，我们自然也进步了。

无论何时，我们都不应忽视环境的作用，而组织恰恰就是一个学习的环境，即便我们意识不到，但潜移默化当中，我们还是在跟着组织一起前进。比如这个平台让我们接触到了行业的最新消息，结识了更多的行业精英，这些都是组织为我们提供的。

随着组织的发展，我们的专业素质也会不断得到提高。比如很多员工培训，这些看似是为了让我们为组织带来更大的利益，但同时这些专业培训也是我们花钱都不一定能够得来的宝贵财富。

随着时代的不断发展，组织的管理资源也不断丰富起来，领导们也纷纷加入了人性化管理的行业，在这个海阔凭鱼跃，天高任鸟飞的时代里，我们得到了最好的资源。就像海尔集团董事局主席张瑞敏说的那样：“你能翻多大的筋斗，我就给你搭建多大的舞台。”

我们努力奋斗会为组织创造价值，那么组织自然愿意为我们提供一个施展抱负的平台。所以，我们应该考虑的不是要怎么在组织中兴风作浪，逼迫组织为我们提供一个平台，我们所需要做的仅仅是挖掘自己的潜能，站在组织的立场上去贡献力量，那么我们自然会有更加广阔的平台。

2005年，35岁的潘刚成为了伊利集团的董事长兼总裁，对于很多人而言，他就像是一个传奇，年纪轻轻便成为了这样一个品牌企业的领头人，不得不说，他的运气很好。

虽然简单来看潘刚的成功事迹，发现他的晋升并没有什么大的阻碍和一波三折，但细细地去品味他的人生，就会发现潘刚的成功背后有着我们难以想象的汗水。1992年，潘刚大学毕业之后被分配到了一家食品厂，也就是伊利集团的前身，成为了流水线上的质检员。一年之后，伊利集团在金川地区筹建了一个冰激凌质检部。金川距离总部很远，如果去那里，无异于“流放”，加上那里环境不好，所以很多人都不愿意去。而潘刚则觉得组织的这个决定很好，于是自告奋勇去了。

在金川，潘刚展现了独当一面的能力。几年之后，伊利集团又收购了一间倒闭的工厂，潘刚就像到金川时一样，再次挺身而出，经过了无数次的努力，他的才能得到了施展，他也得到了锻炼。加上长期以来对企业各个环节、流程的了解，最终他在不断晋升中坐上了董事长的位子。

很多时候，我们之所以觉得自己融不进组织，并非组织不给我们施展的机会，而是我们没有真正地去认识自己的组织。就像潘刚的故事一样，为什么伊利集团那么多的员工，偏偏他得到了这些机会呢？因为所有人都想着组织给自己的磨难，只有潘刚将其看作了机会。所以，他才得到了一个可以施展的平台。

一路风雨，潘刚为伊利创造了巨大的财富，同时，也实现了自己的人生目标。真正优秀的员工不会从自己的眼中看组织，而是从组织的眼中看未来，只有这样，才能真真正正地和组织融为一体，让组织不断前进，而自己则会在组织前进的过程中获得更多的机会和发展空间。

进了门，就要把它当成家

现代许多人的生活基本都处于两点一线之间，每天都在家与办公室之间奔波。习惯于这种生活状态的人，除了家庭之外，对办公室自然也会有一种归属感。我们的生活在办公室与家庭之间进行，但并非所有人都能对组织产生一种亲切感，似乎只有在家庭之中才能放松，到了办公室就戴上了“面具”，整个人变得紧绷起来，好像工作是一种模式，没有在家那样自如和轻松。

为什么会有这样的感觉？大部分人认为，生活是围绕家庭展开的，而工作也是其中之一。在工作当中，我们往往是忙碌而紧张的，而回到家之后，好像卸下了所有的重担一般，感觉温馨和亲切，坦然和踏实的感觉油然而生，就像在外漂泊多时的船只回到港湾一样。

其实，这样的心态是一种“打工”心态，拥有这样心态的人，总觉得工作是养家糊口的工具，工作中除了分内的事情之外，再不愿意多想一些和组织有关的事情，似乎人生价值只有在家庭当中才能得到体现。

这也就是大部分人成为平庸之辈的原因了。为什么工作和家庭一定要区分开呢？组织何尝不是另一个大家庭？在组织这条船上，每个人从“登船”的那一刻开始，命运就已经和组织紧密地联系在一起了，为组织毫无保留地付出，帮组织发展壮大，同样是我们人生价值的一种体现。

我们如果对组织心有隔阂，那么就很难真正融入到组织当中去，虽然每天可能仍旧忙碌地工作，但是从内心深处，我们并没有认同自己的这种处境，并没有设身处地去考虑组织的利益和未来。这样一来，你就永远只是组织当中的一个过客。

仔细想想看，自己在工作地点的时候，是否真正是以组织中人的身份去做的，还是说从自身利益出发？在别人损害组织利益的时候，你是否像自家利益被损害一样据理力争？在办公室看到地面脏了的时候，你是否像自家一样动手去打扫？大部分人可能都做不到，在工作的场所中，人们往往无意识地表现出了一种冷漠的疏离感。可是，如果从时间角度来看，我们在工作场所停留的时间并不比在家庭中少，我们和同事相处的时间甚至比和家人相处的时间更长，为什么不能将组织当成自己的家呢？真心地为组织这个大家庭付出，你会渐渐爱上自己的工作，你的工作也就不再仅仅是糊口的饭碗，真心付出的你一定会被老板注意到……

难道这不是我们理想的工作状态吗？而达成这个目标很简单，仅仅需要把组织当成家而已。把组织当成家，可以全心全意为组织付出，同时，把组织当成家，也会让我们自己成为最大的受益人。

罗丽丽大学毕业之后进入了一家私企，成为了后勤部门的一名职员。虽然她平日里的工作只有打印、复印文件，为办公室的同事沏咖啡，但罗丽丽非常认真，除了自己本职的工作之外，她还像在自己家里一样，包揽了办公室的清洁工作。即便在写字楼中有专门的保洁，但平日里罗丽丽还是非常注重办公室的卫生情况，地上一点碎屑都没有。

除了这些之外，罗丽丽还像在自己家一样，替公司想了很多节约的好办法，比如一些打印失败的纸张，她都裁剪成同样的大小，以作便笺使用，而废纸她都自发整理后卖给废品站，将所得的收入交给工会。外出办事也是如此，能够骑自行车到达的地方，她从来不坐公交，以节省经费。

在特别忙碌的时候，罗丽丽也和其他同事一起加班，但关于加班费她从来只字不提，因为她觉得这是她的本职工作，没有完成理应加班。就是这样认真诚恳的态度，打动了周围的同事和领导，也很快得到了大家的认同和褒奖。

在罗丽丽看来，她学历不够高，做的这些也都是举手之劳的小事，所以她并没有抱怨过越来越多的工作。经过了几年的历练，由于对公司非常了解，她升职了，成为了管理层中的一员。

罗丽丽能够进入管理层，显然不是运气，而是她有着和老板一样的主人翁精神，她把组织真正当成了自己的家去维护、去奉献。可见，不论职位高低，只要身处组织当中，就应该有一种将组织当作自己家庭的态度。

道理并不难懂，付出就有回报这种事情也不难理解，只是我们往往太看重名利，所以本末倒置，以自己能够得到什么为前提去衡量该不该付出。如果是为了得到而去付出，那么我们就会在心里放一个并不稳定的天平，而关于自己的这一边总是倾斜的。如果是为我们的家庭付出，那么是否还会如此计较？

其实，归结到底，我们之所以不能全心全意付出，只是因为我们无法真正把组织当成是自己的家。应该怎么做才能真正把组织当成家一样去尽心尽力呢？说到这点，我们就不得不提“进门”这个词。

在婚假习俗当中，新娘在为人妇之前，所谓的家庭是和新郎没有关系的，但是在结婚之后，因为进入了新郎家，于是心中的家庭也发生了改变，此时的婆家对于新娘来说也是自己的家了。对组织也是如此，我们有了“进门”的概念，那么组织中的事再也不是他人之事，而成为了自己的家中事。

这也就是说，我们若是能够站在领导的角度上思考问题，那么组织的事自然就成为了我们的分内事，我们也就会更加积极主动地为组织筹谋划策，贡献力量了。

在开封有一家叫作立洋的企业，这家企业在当地非常著名，而当地人也都以成为这个企业的员工为理想。在这家企业工作之所以如此令人羡慕，除了优渥的薪资待遇之外，还有一个良好的工作环境。

这里所说的环境并不仅仅是外在的，还有一种积极进取的潜在环境，立洋的所有员工都积极进取，人与人之间和乐融融。这也是立洋的企业文化，在立洋当中，每个员工不管身处什么岗位，都以自己的工作为骄傲，因为他们不管做的事情重不重要，都是在为企业效力，企业的进步正是大家共同努力的结果。

这样一个良好的环境，又怎么会有人不愿加入呢？

我们在找工作的时候，都希望能够在一个有着深厚企业文化，有浓厚的工作氛围的地方，这是最理想的，但并不一定所有工作都会遂我们所愿，那么解决问题的办法是否就只有跳槽呢？当然不是，作为组织的一分子，你完全可以选择努力去改变组织不好的氛围。

过程或许会有些艰难，但并非完全不可能，每个人都可以成为表率，之所以你没有去做，并非没有可行性，而在于你不愿意去做，你没有真正把组织当成自己的家，自然无法全身心付出。但若是我们换一个角度，把组织看成是自己赖以生存的家园，那么为其效力就变得简单多了。

总而言之，我们需要有一种真正进了组织的门的认识，这样才能有进门的心态，才能将组织真正当成自己的家。我们需要记住，进门不是行动上的，而是思想上的。站在组织的立场看问题、看自己，你才有可能进步，才能在组织中更加自如。

不管什么时候，我们都要记住，组织是家，即便家长不是自己，但每个人都有爱护它的责任和义务。即便今天的你可能在组织这个大家庭中还不够出色，但只要你真心为组织着想，一心一意为组织付出，那么在未来的某一天，你就会成为真正带领组织这个大家庭前进的家长！

别问我能得到什么，先看自己能做什么

在组织奋斗，目标是什么？对于很多职场人而言，拥有自己的一片天地，做出成绩是自我价值的最高体现，然而现实中人们往往在面对一个组织的时候考虑的并不是怎么和组织一起前进，怎么在为组织付出的时候体现自己的人生价值，想得更多的是能有多少薪资，待遇怎么样，发展的机遇……简单来说，也就是在想组织能够给自己一些什么。

索取和付出，大部分人想的都是索取，比起自己付出多少，人们更想知道得到多少，而且永远期望从组织得到的要高于自己付出的。很少有人会思考自己在组织中有什么价值，自己能够为组织的发展效力够不够，自己究竟对不对得起组织付给自己的薪水。而且走入歧途的人不在少数，人们总认为组织和自己是剥削与被剥削的关系，自己不管是否努力，组织付给自己薪水都是理所当然的。有这种错误想法的人，总是在得失之间斤斤计较，不管组织给了自己多好的待遇，仍旧觉得自己吃了亏，因为心里不平衡，所以很难积极地投入到工作当中。

好像一进办公室考虑的就是薪水的问题，而不是工作的问题。每当组织对自己提出了一些要求，就觉得组织在剥削自己，而自己工作出现失误的时候，则会轻易地忽略到自己的问题。于是，每天自己都在抱怨和不满中昏昏度日。

其实，之所以我们无法开心地工作，并不一定是你的工作有多么糟糕，或者组织有多么不好，而在于自己的心态，若是你每天都在想着我做这件事能得到多少，组织能够给自己多少，那么你就本末倒置了，在结果的角度去考虑行事的动机，那么从一开始你就处于被动。一直处于被动，工作效率自然低下，一切以得到为前提去付出，那么在职场中你会感到举步维艰，面临失业也并非不可能的事情，毕竟所有的组织在对员工进行选择的时候，都会选择积极进取，乐于为组织效力的人，没有哪个组织愿意使用一名天天抱怨，不努力还对工作不满的员工。

而就我们自身而言，想要让自己摆脱郁郁寡欢的状态，那么我们就要学会改变自己思考的角度。在工作中，比起组织能够给予我们什么，先想想自己能够为组织的发展做些什么，只有从这个角度去思考，你才能有一个好的工作状态。想着组织的员工自然也不会被组织忽视，发展的机会和优渥的待遇，自然会和你的付出成正比。

优秀的员工是组织最宝贵的资源，在组织这艘大船上，员工的发展和组织的未来息息相关。有了载你乘风破浪的大船，你又何愁自己的付出没有回报呢？只要你真心为组织效力，才能让组织得到更大的成长，组织才能为我们做更多。经济基础决定上层建筑，若是作为员工这个基础坍塌了，你又凭什么要求组织为你付出呢？

小凯是一个名牌大学毕业的高才生，在毕业的时候，他就想好了，以自己这么优秀的能力，就算没有经验，也一定可以获得自己理想的工作。

在应聘的时候，小凯自信的样子让一个企业的老板非常欣赏。面试非常顺利，在谈话结束的时候，老板问道：“你对我们企业有什么要求吗？”

小凯想了想，认真地说道：“我的要求就是月薪达到1万元，单位提供住房，一年还要有一次公费出国的机会，还要有一个月的带薪年假。”

老板想了想，说道："那么你觉得你可以为我们企业创造多大的效益呢？你进入公司之后，想要做些什么呢？"

小凯想了想，说道："我希望公司给我分配的任务不要太重，最好不要安排加班。只要安排合理，我也能给组织带来效益。"

老板说道："我给你月薪2万，送你一套房子，再给你安排一份简单的工作，每天工作两小时。"

听了老板的话，小凯露出了不可思议的表情，问道："您没有在和我开玩笑吧？"

老板笑了笑，说道："难道不是你先开玩笑的吗？"

虽然只是一个笑话，略显夸张，但这却是很多求职者的心态——多拿钱，少做事。试问，以这样的心态去工作，又有哪个组织愿意当"冤大头"呢？组织的利益是员工创造的，而员工想的却不是怎么为组织增收，而是怎么从组织中揩油水，自然会四处碰壁。

在工作中，我们应该学会从实际出发，根据自己的实际能力来要求报酬。身在组织当中，我们应该考虑的不是能够得到多少，而是要怎样为组织创造更大的价值。

在应聘的时候，太多的人以自己为中心，开口就谈薪资待遇。其实，组织想要知道的是你为什么想要进入这里，又能够为组织做些什么。如果你能够站在组织上的立场发言，那么组织自然也不愿意错过人才。

员工是水手，组织就是船。员工与组织若是站在两个立场，那么又怎么可能为组织所重视呢？要想成功，就要先放下自己的得失，看看自己究竟能够为组织做些什么。

曾有一个美国主编讲过一个自己的亲身故事。故事是这样的：

那年，他还是一个想要投身报业的年轻人，没有丝毫工作经验，他为了能够进入报社，成为一名记者，于是写信给著名的演讲家马克·吐温，请教自己该怎么做。

很快，马克·吐温就回信了，信中他告诉年轻人，任何一个地方都不会拒绝一个认真工作，所求甚少的人。因此，他只要愿意暂时不拿薪水认真工作，表明自己对这份工作的热爱，从零做起，那么不会有哪家报社会拒绝一个勤奋的实习生的。

就这样，年轻人依照马克·吐温的指导到了一家报社。很快，他就得到了一份工作。不过他并没有因此懈怠，因为马克·吐温在信中告诉他，无论什么时候，工作都要全力以赴，可以到各地进行采访写作，即便那不是自己的分内事，如果他的投稿符合稿件要求，那么自然会刊登，得到报社的重视之后，自然就会成为报社的一员，渐渐谋得好职位，也就不用为自己的生计担心了。

按照马克·吐温的嘱咐，年轻人一直尽心尽力，琐碎的事情也认认真真完成。由于年轻人进步不小，于是没过多久他就成为了编辑部的一员，而他的文章也时常出现在报纸上。得到了同事和上司的认可，他的作品也渐渐被其他报社知晓。坚持了几年后，他终于成为了这家报社的主编。

这个年轻人的真实故事告诉了我们，找一份工作并没有我们想象中那么难，只要我们肯真心努力，就不愁找不到工作。当然，找到工作后升职也并不是那么遥不可及的事情，只要我们努力工作，全心全意为组织付出，那么组织自然会给你相应的回报。只想着索取的人，遭遇失败也是理所当然的了。

不管在组织中处于什么职位，我们都有很多可以学习的东西，而知识和经验，永远是我们最宝贵的财富，若你真心愿意为组织着想，那么你的工作就不仅仅是上司分配下来的，你能接触的领域越多，能够学习到的东西自然就更多，你若是考虑着薪水的问题，那么你的双眼就被蒙蔽了，看不到自己工作真正的价值，看不到付出能够得到的宝贵财富了。

多少付出对应多少回报，这是亘古不变的真理，只想着能从组织得到什么，却不想付出，自然得到的不能让你满意了。作为组织当中的一员，为组织付出是我们义不容辞的责任，要记住，自己得到的永远和自己付出的成正比，若是你能为组织创造更大的财富，那么组织自然会给予你更多。

永远不要眼高手低，想要到达一个高度，就要脚踏实地去做。想要在组织中立足，就要真正把自己当成组织的一员，从组织的角度去思考问题，想想以自己的能力究竟能够为组织做些什么，这样你才能彻底发挥自己的能力，慢慢找到属于自己的真正位置，成为组织必不可少的人。全心全意为组织付出，才能让自己的人生目标和组织联系到一起，通过组织成就属于自己的事业！

组织能走多远，你就能走多远

身在组织这条大船上，我们的未来和组织息息相关，我们努力为组织创造巨大的价值，那么组织的实力就会不断壮大起来，这样的组织也就走得更远，身在组织当中的我们自然也会在组织的庇护下走得更远。只是如此简单的道理，真正能够理解并身体力行的人少之又少。

太多的人认为自己一个人的荣辱兴衰和组织没有什么关系，自己身在基层，又怎么可能动摇整个组织呢？但是万丈高楼平地起，再大的组织也是由多个你我共同构成的，根基不牢靠，再高的大楼也会倒。千里之堤溃于蚁穴，如此简单的道理，又何须赘述?

如果你身在管理层，那么你的作用就更加重要了，一个漫不经心的决定，就有可能会给组织带来巨大的损失。组织不稳，那么我们自然也难以安稳。要想高枕无忧，那么就要全心全意为组织付出，要知道自己能够走多远，脱离组织是无法完成的，只有大家齐心协力，才能让组织这条大船乘风破浪，带领大家一起实现人生的理想。

力的作用是相互的，组织提供给我们一个广阔的平台，那么我们的努力也会帮助组织更加稳定，不断壮大向前。

小李是一家钢铁公司的职员，入职之后，小李马力全开，努力向前辈学习，兢兢业业地工作。偶然的一次，小李在流水线上发现了一些问题，那就是对矿石的冶炼不够彻底，从总量来看，浪费的数量非常可观。如果继续这样下去，那么一定会给公司造成巨大的损失。

认识这一点的小李并没有因为这不在自己的职责范围，是公司的事而无视这个问题，他马上找到了负责冶炼工作的工人，说了这件事。不过和他预想的不一样，这位工人并没有马上检查，而是说道："这个不是我的问题，如果有问题，工程师会告诉我的。浪费这件事，上面不说，我又有什么权利改变原来的方式呢？"

就这样，小李又找工程师说这个问题，不过工程师也表示这种技术没问题，在冶炼的过程中出现浪费也是无法避免的，要想改善这个问题，就要投入更大的资金改善技术，反正现在的冶炼方法是盈利的。可是小李觉得如果改善技术能够防止浪费，那么产出绝对大于投入。于是他又找了负责技术的总工程师。为了更具说服力，小李还对数据进行了计算。

看到了小李的计划方案，总工程师觉得革新技术确实有必要，于是上报经理。最终革新技术的政策下来了，新技术不仅避免了浪费行为，还提高了工人的工作效率。

经过这件事，小李得到了提拔，成为了项目负责人。成为负责人之后，小李工作更加卖力了，因为他知道，自己的责任更重了。当他负责的项目进行到广告宣传的时候，小李仍旧没有放松，对各个环节进行审查。他发现在策划书当中有一部分是将广告牌的工程外包，因为公司没有专门的部门，所以这样做是一直以来的传统。可是小李发现，这个项目中的路牌有几十块，经费需要几万元。虽然公司没有广告部门，但是美工团队也可以做这件事，只要加班加点，几天就可以做完，多给员工一些加班费，还能省下几万元的经费。

就这样，小李把自己的打算做成报告，上交总部，得到了总部的认可。经过这件事后，小李在公司的威望更高了，同事也都喜欢他这个负责人。

组织不够大？在组织找不到合适自己的职位？这也许是许多人频繁跳槽的原因。可是跳槽并不能从根本上解决问题，跳来跳去都是在基层。真正聪明的人在职场中懂得守住自己的组织，帮助组织成长，而不是脱离组织，因为组织能够走多远，自己就能走多远。

再大的组织也是从小做起的，任何一个组织也不会有一个专门准备给你的位置，这一切都需要你自己来争取，用自己的能力证明自己应该在什么位置。

我们每个人都需要不断进步才能发展，组织也是如此，组织为你提供了一个平台，你需要做的就是毫无保留地发挥自己的力量，让组织壮大起来。然而很多人总是在工作的时候有所保留，为什么一定要留白呢？既然有一个施展拳脚的空间，那么就可以全力以赴，让自己在这个平台上挥洒汗水，施展自己的潜力，这样组织才能够不断进步，组织进步了，能够提供给你的平台也就更高。

可以说，我们和组织之间是密切相关的，组织发展了，我们的空间也就更大了；组织获益了，我们也就能获得更高的收益；组织发展迅速，我们才能更快地到达目的地。若是组织滞后，那么我们的未来也就无从谈起了。

不要总想着“此处不留爷，自有留爷处”，有这种想法，在哪里你都不会走得长久，只有抱着一心一意的想法，你才能真正有所作为。我们每个人的人生目标都不会轻易转变，既然如此，我们为什么不能给自己的组织一些信心呢？

相信自己的组织能够走远，你才能乘着组织的东风尽早实现自己的人生理想。即便今天的自己还不够理想，只要相信组织，努力挖掘自己的潜力，那么在组织这片沃土中你一定能够茁壮成长，成为组织不可或缺的重要人才。

就算我们身处平凡的岗位上，也不意味着这个位置没有机会。只要我们在工作中有一个属于自己的目标，而这个目标又是和组织息息相关的，那么在我们努力之后，一定可以有所收获。当然，这个过程可能比较漫长，毕竟通往成功的路本就不是一帆风顺的。

汤姆和杰瑞是同一个学校的校友，毕业之后两个人也进入了同一家公司，成为网站设计员，他们两个的工作很简单，就是为客户维护设计、维护网站。刚毕业的时候，两个人都知道，经验不足就该从基层做起。但是一年时间过去了，两个人仍旧没有什么改变。

杰瑞先忍不住了，他觉得自己怎么说也是“身经百战”了，以他现在的水平，完全可以负责一个项目了，于是他约汤姆找到老板，提出了升职的申请。老板想了想，委婉地拒绝了杰瑞和汤姆，还和他们好好解释了一番。原来，公司的规模本身就不大，目前也没有扩展计划，所以并不需要太多项目负责人。老板表示，杰瑞和汤姆确实很优秀，只是目前公司很难满足他们的要求，希望两人再努力一段时间，等公司扩展的时候就会满足他们。

按理说这是一颗定心丸，但杰瑞并不这么想，他觉得让自己等几年时间太久了，未来的事情谁又能说得准呢？于是他毫不犹豫地辞职去了其他公司。而汤姆则认为，老板的话是很诚恳的，而且公司未来发展的余地还很大。于是他留在了公司，3年后，公司规模大了，汤姆成为了公司最优秀的项目负责人。而杰瑞呢？他频繁跳槽，依旧是一个基层员工。

组织不在大小，即便规模小，未来也会有很大的空间。我们若是将频繁跳槽当作提升自己的捷径，那么最终一定会和杰瑞一样，浪费了大量的时间。跳槽无异于带着自己的经验重新清零，重新开始，若是我们一条路走到黑，那么组织发展了，我们自然也就发展了。

组织和个人一样，不会停滞不前，每个组织都有自己的发展计划，而且我们必须相信，组织在前进发展这件事情上要比我们迫切得多，所以我们当前应该做的就是跟上组织前进的步伐，努力帮组织完成发展计划，这才是我们实现个人事业的捷径。

努力工作是最简单不过的道理了，也有些抽象，那我们究竟能够做些什么呢？其实，我们需要做的就是熟悉自己的工作流程，成为自己职位上的“专家”，这样我们才能尽快实现自己的事业目标。成就自己和组织的发展密切相关，只是很多人意识不到这点，总是将个人发展和组织发展脱离，比如考取各种各样的资格证书，却和自己的本职工作没有联系，想着技多不压身，却没有想到自己的付出和组织有什么关系，组织更像是给自己“交学费”的资助人，若是以这种心理工作，那么组织发展了我们一样原地踏步。

愿意提升自己是好的，但是要和组织需要结合起来，这样我们才能了解组织的动向，跟上组织前进的脚步，找到最合适的发展方向。将自己的追求调整为组织的需求，将组织的目标当作己任，那么终有一天，你的人生目标会在组织这条大船上得以实现。

化职业感为事业感

工作两个字看似简单，但在不同人的眼中自然也有不同的诠释。对于只想拿薪水的人来说，工作只是赚取生活资本的工具；对于那些站在一定人生高度来看待工作的人，那么工作就是他们毕生的事业。视角不同，产生的结果也就不一样，将工作看作谋生手段的人，永远都只能被工作所奴役；而站在事业高度来看工作的人，那工作就在他的掌控之下，这样的人自然更容易达成人生目标。

我们看待工作的态度不同，行动自然也就不同。将工作看成事业的人，不会把自己的职业当儿戏，会竭尽所能做到尽善尽美，以求对得起自己的人生。而把工作当赚钱工具的人，自然也会在工作中无尽敷衍。两种心态自然会造成两种结果，抱着事业心工作的人，自然能够出色完成任务，而应付工作的人，自然很难将工作做好。

从另一方面来说，将工作看成事业，那么这份事业早晚会用成功来回馈你的付出，若是仅仅把工作看成工作，那么你永远也走不出工作的奴役。

从前有两个泥瓦匠，他们一起在工地干活。一天，建筑师路过，看到了两个人完全不同的样子。工匠甲哼着小曲，快速地做着工作，不时还退后目测一下有没有失误，尽可能做到完美；而工匠乙则一副不情不愿的样子，动作就像慢镜头一样，动作慢而且垒的墙也有很多瑕疵。

建筑师奇怪地上前询问道："你干活这么慢，什么时候才能把墙垒好呢？"

工匠乙打着哈欠瞥了建筑师一眼，说道："那我可不关心，我是按小时拿工资的，那么卖力又不会给我加班费，而且早一天完成，累了自己不说，还少拿工资了，为什么我要做这样费力不讨好的事情呢？"

建筑师又问道："那你要垒的高楼是什么样的呢？"

工匠乙显现出不耐烦的样子，说道："我只管垒墙，别的我可管不着，你想知道就去找这栋楼的建筑师吧。"说完他便把头扭向一边，显然不打算继续和建筑师交谈了。

建筑师转而问工匠甲，说道："按小时拿工资你这么卖力做什么？"

"因为我想快点看到这栋建筑建成后的样子呀！"工匠甲说这话的时候眼中充满了期待。

"哦？你知道这栋楼是什么样子的？"建筑师也有了兴趣。

"当然啦！我从工头那里看过图纸，这栋建筑别提多漂亮了……"工匠甲开心地比画着，描述着建筑的美妙。

建筑师一边认真地听着，一边真诚地夸赞道："你对建筑了解真不少。"

"那是，我的梦想就是成为一名建筑师，虽然现在我是一名泥瓦匠，但至少也算进了建筑这个行业，只要我努力，一定能够实现自己的目标。"

建筑师听后点了点头，当即便决定要收工匠甲为徒了。

人没有事业上的野心是不可能的，只是有些人选择了屈从于一无所有的现实，而有的人则选择为了自己的理想而奋斗。其实没有什么事业是为你准备好的，人生是一个不断选择的过程，在工作中更是如此，大部分成功人士的成功都不是幸运地遇到了自己想做的事，而是为了自己理想中的事业去奋斗，不断调整自己的梦想，让自己的梦想和事业融为一体。

不管什么事情，用心才能做到优秀。对于工匠乙而言，垒墙这份机械化的工作并没有什么需要动脑子的地方，只要去做就行了，而工匠甲则是以看一栋美丽建筑的态度去对待自己的工作的，那么他自然更加用心。井底之蛙永远不可能跳上井口，因为在它心中天只有井口那么大，若是想着外面的世界，自然会想尽各种办法腾空而起，实现自己的事业规划。

其实，有些人之所以无法将职业和事业联系起来，是因为他们总觉得自己的梦想是天，而现实却低到了地下，完全没有实现的可能。抱着凤凰的愿望蜗居在“鸡窝”当中，那不是笑话吗？于是便一边鄙视着自己的职业，一边做着白日梦，每天敷衍度日。

但是我们需要认清的一个事实是工作是没有贵贱之分的，俗话说得好，三百六十行，行行出状元。我们没有任何理由轻视自己的工作。当我们真心热爱自己的工作，才能正视自己的工作，爱上自己的组织，全心全意为自己的事业拼出一片天地。被动地对待自己的工作，是对组织的不负责，也是对自己的不负责，将全部的热情投入到工作中去，你的职业才能化为事业，你才有进步的空间。

当我们觉得无法对自己的工作抱以热情的时候，问题往往不在组织，而在我们自己。比如我们总是考虑着跳槽，因为觉得自己的工作无趣，或者组织没有适合自己的位置，只待拿工资糊口，等着跳槽机会的到来。可是，这样来来去去结果都没有什么改变，我们仍旧在不同的组织之间辗转，找不到自己的方向，甚至连一种职业归属感、安全感都没有。难道这就是我们在工作中希望得到的结果吗？

试着去爱自己的组织，首先要爱上自己的职业，引以为豪，它才会在某一天成为你毕生的事业。

乔·吉拉德号称是世界上最伟大的推销员，他在15年的时间中出售了13000辆汽车，效益最好的那一年，他甚至在一年时间就卖出了1400多辆！汽车可不是说买就买的，而乔·吉拉德却做到了，难道他有铁齿铜牙吗？显然不是。

在吉拉德说自己推销经历的时候，他这样说道：“我为我业务员的身份感到自豪，也感谢给了我创造奇迹机会的‘雪佛兰’。”他正因为热爱自己的工作，热爱自己的组织，所以十年如一日地努力工作，最终创造了奇迹。

有一次，一位50多岁的女士来到了雪佛兰的展厅，不过看上去这名女士只是来这里消磨时间罢了。不过吉拉德并没有因此而无视她，反而热情不失礼貌地和对方聊起天来，言谈举止并没有表现出推销的急迫。聊天得知，这位女士在为自己挑选55岁的生日礼物，她看中了对面福特车行的一款车，但是对方却让她等了将近一个小时。

吉拉德首先对这位女士的生日表示祝贺，聊了一会儿后吉拉德了解了这位女士只是想买一款白色的车，于是他就介绍起了雪佛兰的一款性价比不错的车，但并没有强硬地推销或者想要对方改变初衷的意思。之后他还送给了这位女士一束花作为生日礼物。女士备受感动，最终买下了吉拉德推荐的车。

想着业绩去工作的话，客户就感受不到吉拉德的真诚了，正因为吉拉德热爱自己的工作，热爱自己的事业，才能付出真心，才能做出过人的业绩。职场的路越走越宽还是越走越窄，不在于运气，而在于自己的态度，只要我们能够将工作当作自己的事业，那么事业所赋予我们的使命感就会让我们充满活力，未来自然一片光明。

当然，我们的事业是否能够顺风顺水，不仅仅是我们自己的事，也和组织密切相关，毕竟组织是承载我们未来的重要平台，有事业心的员工自然不会每天敷衍度日，在用心做好自己工作的同时，自然会为组织带来积极的影响，而任何一个组织，都不会轻视这样的员工。

不要再抱怨平台不够好，工资不够高，从事业的角度去看问题，你就会看到未来的辉煌。

第二章
我是船长，引领组织远航

组织，大家凝聚在一起才能称之为组织。既然组织需要大家共同努力，那么组织就应该属于我们每一个为之付出努力的人。我们需要对组织负责，不是因为一种强迫，而是因为我们属于组织，组织同样属于我们。我们每个身在组织中的人，都是组织的领航者。

想主人之事，树立主人翁意识

每艘船要想顺利航行，少不了船长的领导，那是不是说船上的所有船员只要听命于船长就可以了？乍看确实没有什么不妥，但事实上，一艘船要想远航，仅仅凭借船长一个人的努力是不行的，需要大家共同努力才能达成。

对于船上的每个人而言，要想达到目标，共同努力是最重要的，只有将船航行当作己任，才有可能做到。也就是说，船上的每个人都要把目光放在船上，要想做到这一点，就要拥有船长的态度，换言之，就是我们不在其位，但也不能磨灭主人翁意识。

什么是主人翁精神呢？简单来说，就是在团队当中把自己当作团队的主人，为了团队而积极热情地付出，如果每个人都有这样的态度，那么团队一定可以得到平稳快速发展。在船上如此，在工作中亦是如此。

组织就是船，在组织这条船上，每个人根据自己能力的区分各司其职，自然不会每个人都是领导，但若是每个人都将组织当成是自己的家，带着主人翁精神去工作，那么组织自然也能够得到平稳快速的发展，在激烈的市场竞争中脱颖而出。

有的人或许会说："组织自然有领导去带，我多事的话岂不是挑战领导的权威？"事实上这是一个误区，任何一个组织的领导看重的都不是自己的利益，而是整个组织的利益，因为他需要为整个组织负责。若是我们拥有这样的精神，为组织考虑，那么又有哪个领导会排斥这样优秀的员工呢?

其实，想要培养主人翁意识并没有我们想象中那么难，我们只要想"主人"之事，拥有领导那样的工作态度，将自己的重心和目标与组织联系起来，和领导站在同一战线，心之所想自然是组织的未来，那么这个时候说自己是组织的主人也不为过了。

说起标准石油公司无人不知，无人不晓，因为它是世界上最著名的石油公司，而且创办这个公司的是著名的石油大亨洛克菲勒。对于公众来说，除了洛克菲勒之外，还有一个叫作阿基勃特的风云人物，他在标准石油公司的地位同样举足轻重，因为他是接任洛克菲勒的标准石油公司第二任董事长。

阿基勃特是什么人物呢？曾经的他不过是标准石油公司的一名员工，在那样一个庞大的集团当中，想要走上制高点可以说是难上加难，不过就算是标准石油的一名普通员工，阿基勃特也处处为公司考虑，有着强烈的主人翁精神。

举例来说，每当他出差去别的地方的时候，需要住宿签名的时候，他总会在自己的签名下面加上一句"每桶4美元的标准石油"。除了住宿登记，这句话还会出现在他经手的所有书信和收据上。无形之中阿基勃特给公司做了不少不属于他职责范围内的推广工作。

洛克菲勒知道后非常感动，于是邀请阿基勃特共进晚餐。后来，洛克菲勒卸任之后，阿基勃特就成为了标准石油公司的新一任董事长。

对于很多人而言，工作是工作，生活是生活，离开了办公场所就要忘记自己职场人的身份，甚至忘记自己的组织。但是阿基勃特没有这样做，他就像标准石油的大股东一样，时时刻刻不忘自己的组织，不忘为自己的组织做宣传。虽然这不过是一件小事，但主人翁意识显然已经融入阿基勃特的骨血当中了。这样的一个人，最终成为标准石油公司的真正主人，也就不例外了。

其实很多时候如果我们换个角度思考，问题就容易理解多了，假如你是组织真正的领导者，那么你所希望的员工是个什么样子呢？拿着薪水做着相应的工作，还是把组织当主人去付出？显然后者更受欢迎，如果你手下真的有这样优秀的员工，那么你是不是就会给他更多的发展机会？同样的道理，组织的领导者对我们也是这样期待的，只要我们把自己看作组织的主人，那么自然能想主人所想之事，工作起来也就变得有动力多了。

如果具体来说，主人翁意识又可能从几个方面来展现，比如领导在与不在，我们都一样努力工作，这就是主人翁意识的一大体现。有些人总是领导在的时候鞍前马后，领导不在就什么都不做了，这样的“面子工程”持续不了太久，因为最终的成果会证明你是否真的努力，而且这样不健康的心态也不会让你奋进，自然也就没有了上升的空间。

工作是自己的，我们是为自己工作，而不是为领导工作，我们所做的一切，是为自己也是为组织，这是主人翁都该有的心态。若是什么都随便做一做，那么即便你已经身在领导者的位置，有一天还是会被取而代之。

赵咪通过应聘进入了一家电子产品公司，为了整顿公司，赵咪开始了考察工作。在一个商场的门店里，赵咪装作客人的样子进入了店里，转了一圈之后，她发现官网上售价5400元的一款笔记本电脑在门店中竟然标出了6000元的高价！

赵咪马上找到营业员，问道：“我在你们的官网上看这款笔记本是5400元，怎么在店里是6000元呢？可不可以给我一些优惠？”

营业员摇了摇头，说道：“不好意思，我们目前没有优惠活动，不过可以送您一台打印机。”

赵咪摇了摇头，说道：“可是我不需要打印机。”

营业员想了想，说道：“那可以在此基础上给您便宜200元。”

“那也比官网上贵很多啊！门店怎么和官网的价格不一样呢？”赵咪皱起眉头说道。

“这我就不清楚了，反正我们店里没有优惠活动。”

“那你们店长在吗？经理也行。”赵咪见营业员态度不好，便继续说道。

一听要找店长或经理，营业员有些不高兴了，似乎赵咪只是个找碴儿的顾客，于是她推托道：“您要是不满意可以去官网买，店里就是这个价格。经理不在，店长也不在，我就是一个打工的。”

赵咪这时的眉头都快打成结了。眼看着局面有些尴尬，一个刚进门的营业员马上上前调解，问清问题原委之后，她耐心地解释道：“小姐，是这样的，目前我们店里在做组合销售的活动，这款笔记本售价高，但是可以给您配备很多装机常用的正版软件，还有最新的系统，绝对物超所值。”

赵咪想了想，继续说道：“可是这些我都不需要。”

这名营业员没有和之前那个人一样，而是微笑着说道：“那我建议您到官网购买，现在我们品牌线下店都在搞这项活动，可能没有官网那么低的价格，如果您在官网购买的话，最多两天也可以到货的。”

看着这个营业员，赵咪点了点头。在回公司的路上，赵咪就做出了营业员考核的决定，不合格的营业员一定要开除！

显然，故事中的第一个营业员肯定是上司在或不在两个样子的，对于她而言，得罪一个客户不会给自己造成什么损失，损失是组织的。其实很多人都有这样的心理，但如果损失是自己的，我们还会这样冷漠吗？想想看，我们和组织之间是一荣俱荣、一损俱损的关系，如果每个员工都不在乎组织，那么组织便难以发展，最终受害的还是我们自己。所以从某个角度来说，我们不仅仅要把自己当成组织的主人，而是我们每个人本身就都是组织的主人。

因此，我们更应该以主人翁的态度去对待组织，用领导的方式进行思考，这样不仅仅是对组织负责，也是对工作的突破。当你以领导的方式去思考后，你就会发现很多工作中的问题都能迎刃而解，而你也会更有动力去完成自己的工作，这样积极行动的你，自然也就会脱颖而出。而且这一切，仅仅需要你多一点主人翁精神。

关心行业动态，为组织筹谋

想要真正成为组织的主人，仅仅有成为主人的想法显然是远远不够的，我们还需要配得上想法的态度和行动。比如我们需要知道自己对组织有什么价值，而我们的价值就是为组织的维护和发展贡献力量。这也是我们义不容辞的责任。

那么要想成主人之事，我们应该要怎样做呢？显然，我们需要做好自己分内的工作，但这只是开始，真正想要成为组织当中合格的一员，我们的眼光就不能仅仅局限于面前的工作，我们除了要培养自己的主人翁精神，更要培养自己的“主人翁视角”，就是从全局考虑问题。

我们都知道盲人摸象的故事，只“看”到了部分，就认为只有部分，这样考虑问题是不可能全面的，只有站在更高的角度去看问题，才能把问题真正地看清楚。否则自以为是地张牙舞爪，也不过是把自己的无知展露得更明显一些罢了。

张成是一个造纸厂的检查人员，他的工作并不难，只是负责最后的检查，将不合格的纸张选出来就可以了。虽然这项工作并不难，但张成做起来非常认真谨慎，在他看来，这项工作做不好，那么有问题的纸张就会流入市场，竞争这么激烈，本来企业就困难，如果再出了差错，那就毁了自己的招牌。

当然，并不是每个人都能有张成这样的认真的态度。有一次，因为一个流水线的工人不小心弄错了配方，使得一大批纸出了问题，监工也难辞其咎。最终组织决定解雇这两名员工。在大家看来，这件事情应该就算结束了，反正这批纸张又没有流到市场中去。但张成可不这么认为，他觉得事情是结束了没错，那这批纸如果当成废纸处理，就会损失一大笔钱，为了想到这批纸的处理方法，张成好几天睡不着觉。

知道张成担心什么的同事听了都替张成觉得不值，有人劝解道：“这也不是你的责任，再说了，损失也是咱们单位的，咱们单位不至于因为这点损失就倒闭，让你失业，你看开点吧。”但张成不这么认为，他义正词严地说道：“话可不能这么说，这笔损失可不是小数目，领导肯定急了好几天了，我也只是想出点力，企业好了，咱们不是都好了吗。”

见劝不过，大家也就不再说话了。张成经过了几天时间的思考，终于发现这批纸并非只能当废纸处理，因为这批纸吸水性很好，可以用作吸水纸。就这样，他做了一份报告上交给了领导，帮组织避免了一次损失。

塞翁失马，焉知非福。张成虽然只是一名基层员工，但他却关心着组织的发展，当组织有难的时候第一个站出来，为组织出谋划策，即便今天的他还是个基层员工，但以他的态度，在不远的将来，他一定会成为企业里举足轻重的人物。

在工作当中，每个人都难免会犯一些错，而犯错之后，我们理应第一时间想办法弥补。但是有些人认为不管是否弥补，惩罚都是免不了的，何苦要难为自己呢？有这种想法的人一定没有将组织和自己联系起来。因为如果自己在人生中犯了什么错误，我们一定不会选择置之不理，但因为我们在工作中犯的错只是组织的损失，所以有些人便睁一只眼闭一只眼了。

但说到底，组织和我们的利益是息息相关的，除了我们自己的工作之外，我们也要关注整个组织的动向。不能因为犯错的不是自己就漠不关心。组织是一个团队，任何一个独行侠都不可能做到尽善尽美，只有和大家团结在一起，才能组成一个组织，只有关心组织的发展，从全局看问题，我们的未来才更清晰，我们才能真正算是组织的主人。

想要在自己的领域里发光发热，成就一番事业，那我们就必须对自己从事的行业有最深入的了解，而对整个行业有所了解的员工，自然是每个组织都会予以重视的。仅仅关注行业动态，也不过是个“空想家”，还要结合组织发展的实际，这样才能真正地为组织出谋划策，让组织带领自己飞速向前。

也就是说，我们在了解行业动态的同时，也必须了解我们所在的组织的动态，这样我们才能方便调整自己的步伐，为组织发光发热。最基本的是我们要了解组织的发展战略。任何一个组织追求的都不仅仅是保持现状，一定会有发展计划，如果我们只是盯着眼前的那一点点工作，那么我们也就很难规划自己的未来。如果站在组织的角度去看行业前景，那我们的目标也就能和组织融为一体，更有利于组织和自身的发展。

这也就是说，我们需要关注的不仅仅是组织的现状，还要知道组织的发展方向和前景。对于我们来说，想要了解这些可以和同事、领导多沟通、学习，我们不需要担心自己对组织关心有逾越的嫌疑，因为一个为组织着想的人是不会被领导和同事排斥的，多和组织里的成员沟通，就能让我们了解得更加全面，也能让我们以最快的速度融入组织这个大家庭当中。

另外，我们了解了组织和行业的动向之后，也要适时调整自己的职业规划，让自己的目标更好地融合到组织当中，这样结合会让我们真真正正成为组织的主人，真心为组织筹谋，因为组织的进步无疑让我们离自己的目标更近一步。

徐松和王刚一起进入了一家快递公司，两个人同为快递员。两人学历都不高，不过徐松并不认为自己的人生就会这样，他只是寻找一个入门比较低的踏板，然后慢慢实现自己的人生理想。至于王刚则没想那么多，他当快递员只是因为这份工作要求不高，薪水比较可观。

于是徐松每天开开心心地为实现理想工作，对每个客户都非常亲切，有时还会和客户聊天，了解一些行业动向。而王刚则以多送件为目标，板着脸，每天除了送快递之外什么都不想。

在一次和客户聊天的过程中，徐松了解到慢递这个行业正流行起来。所谓的慢递，就是给未来的自己或他人寄信或寄送物品，然后慢递公司负责保存，在客户设定的时间里将物品或信件寄出。回去后，徐松将这个事情告诉了领导，并建议领导上报开启这样的业务。

不过有些可惜的是他所在的快递公司并没有发展这项业务的计划，因为需要投入很大，另一方面公司的发展目标是做到快递业界的第一，所以组织的重心可能不是开展周边业务。知道这点后，徐松又开始琢磨着怎么才算做到业界第一，而王刚通过这件事却觉得公司没什么发展，于是辞职换了另一家公司。

而徐松则开始关注起快递行业来，没多久，他发现距离他所负责的区域不远处就是一个村落，那里的村民说收快递非常不方便，因为很多快递公司都不配送到村里，他们只能到周边小区去取。知道这个消息后，徐松又报告了领导，认为想要发展就要扩大市场百分比，而没有快递覆盖的区域正是绝佳的机会。

就这样，公司调查了很多没有快递覆盖的区域，投入大笔资金在那里设置了派送点，而徐松则成为了一个地区的负责人，而王刚呢？他还是一个普普通通的快递员。

有些人认为自己并非不关心行业动态，而是组织不关心，自己提出的建议组织不接受，所以一来二去就放弃出谋划策了。其实没有一个组织是不愿意发展的，只是你的意见可能和组织的大方向不同，没有在组织的发展计划之内，如果是这样的建议，组织轻易是不敢迈出一步的。

所以我们要关心行业动态，更要了解组织动向，知道组织需要什么，站在组织的立场去思考问题，这样你的建议和策划才能真正起到作用。否则你想法再多，也不是主人翁意识的产物。了解组织，了解行业，你的成长才有更为坚实的基础。

燃烧事业热情，弘扬组织文化

最好的工作状态是什么？答案就是以为自己没在工作。工作这个词本身就会让人产生一种被动的感觉，似乎只要进入工作就要板起脸来，忘掉愉悦和兴奋。但实际上，工作比生活更需要激情。

职场上真正成功的人往往被我们称为“工作狂”，因为他们的生活中好像只有工作了，于是在觉得这些人雷厉风行的同时又有点同情他们，难道生活除了工作就没有别的乐趣了吗？恰恰就是这样，这些成功人士将工作当成一种乐趣，他们不觉得自己在工作，他们享受这样的状态，所以不觉得累，总有源源不断的激情。

子非鱼安知鱼之乐，我们不是工作狂人，所以无法了解这些人在工作中得到的乐趣。但事实上，每个人都有成为工作狂人的潜力，我们每个人在喜欢的东西面前都很难自控，若是将自己的喜好和工作联系到一起的话，那么我们是不是也可以拥有无限激情了呢？答案是肯定的。

不过有些人认为让自己爱上工作是一件“自虐”的事情，可事实并非如此，爱上自己的工作，我们就能燃烧热情，这样我们在工作的时候就不会有劳累和烦躁的感觉，另一方面，因为有着工作的热情，我们的效率就能得到最大限度的提升，还会真心考虑下一步职业规划，做出更出色的成绩。而从组织的角度来讲，一个努力热情，为组织筹谋出力的员工，自然需要更高的平台，也就对应着更高的待遇。

这样一来，你是否对爱上工作有不一样的看法了呢？其实，想要燃烧事业热情并没有想象中那么困难，我们首先要确保自己是否有主人翁精神，若是能够将组织的事情看作自己的事情，那么在工作的时候你也就能够全心投入，找到自己的兴趣点了。

也就是说，我们要做的不是找到一份自己热爱的工作，热爱的组织，而是学会爱上现在的工作，现在的组织。

卡内基是钢铁行业的翘楚，不过对于生长在美国乡村的齐瓦勃来说这个名字仍旧很陌生。齐瓦勃的家庭并不富裕，所以他也没有机会接受长时间的教育，在他15岁那年，便开始工作了，不过在村子里能够选择的余地不多，他只能做马夫谋生。

后来机缘巧合，齐瓦勃离开了乡村，因为没有什么经验和能力，他能够做的并不多，几年之后，他到了一个建筑工地打工，而这个建筑工地，正是卡内基公司的。建筑工地的工作非常辛苦，所有人在下了班之后都聚在一起喝酒、打牌、聊天，只有齐瓦勃没有，因为他觉得这是一个机会，只要他肯努力，一定不仅仅是一个打工仔。

就这样，齐瓦勃在别人聊天的时候开始扩充自己的专业知识，他开始自学建筑知识，了解钢铁行业。一天经理偶然间看到了齐瓦勃的笔记，于是第二天找他谈话。

“你为什么要在休息时间学习这些东西呢？”经理开门见山地问道。

齐瓦勃实话实说：“一开始我觉得公司不会缺少打工的人，因此公司最需要的是专业技能过硬、工作经验超群的员工。所以我想多努力一点，向公司需要的人才靠拢。但在学习的过程中我发现我喜欢这个行业，所以我就想要了解更多、更深入。”

经理点了点头，没过多久，齐瓦勃就被升任为技师。在同事讽刺他溜须拍马的时候，齐瓦勃说道："你们可以嘲笑我，但不能嘲笑我的热情。我不是为了薪水而工作，我是因为喜欢我的工作，所以想要更加了解。"

就是凭着一腔热情，齐瓦勃在几年后就成为了总工程师，后来又成为了建筑公司的总经理，最终成为卡内基钢铁公司的负责人。

我们谁都不能确定自己的明天会发生些什么，所以很多人选择不去想，也不去看，因为怕未来辜负了自己。但有些人却明白，正因为不知道未来会发生什么，所以才要努力工作，燃烧自己的热情，让自己爱上自己的工作，一门心思去努力，这样即便今天的自己不够优秀，但未来自己的事业一定会做得风生水起。

在这个竞争激烈的社会当中，找到自己喜欢的工作或是职位实在是不易，这种时候，我们要做的并不是等待跳槽的时机，而是了解自己的组织和工作，学会爱上自己现有的工作和组织，建立"热爱工作"的信念，并以此为导向，用进取心帮自己一点点走向成功。

有许多职场上的翘楚并非都在一开始就选择了自己喜欢的工作，他们也是经过了岁月的历练，渐渐爱上了自己的职业和自己的组织，所以才能一步步成为组织真正的主人，并以此来完成自己的目标。

想要爱上自己的行业，首先要爱上自己的组织，因为组织在这个领域里比我们资历要深厚许多，也是我们了解一个行业的阶梯。试着了解自己的组织，进而你就会发现，自己的组织可能远比表面更加优秀。

每个组织都有自己深厚的底蕴，文化是组织的门面，也是外人认识组织的大门。作为组织中人，弘扬组织文化也成为了我们每个身在组织中的人义不容辞的责任。不要小看组织的文化，它恰恰是组织前进的一个重要推进力！

海底捞可以说是餐饮业当中的翘楚，去过海底捞的人，无不为其倾倒，即便它的价格要高于其他火锅店，但人们仍趋之若鹜。为什么它能够在业界中脱颖而出？而且号称是别的企业学不会的呢？答案很简单，海底捞的企业文化非常浓厚，而且海底捞的每个员工都了解企业的文化，还将这种文化展现在了食客面前，让食客纷纷为其着迷。

海底捞究竟有什么过人之处呢？首先作为一个餐饮企业，有自己的特色产品是必不可少的，海底捞有很多美味的锅底，而且所有菜品都以半份为单位，还有免费附赠的当季水果。不过这并不是它最突出的地方，海底捞最突出的特色就是服务。

海底捞的服务是最贴心的，长发的食客在用餐前会得到服务员分发的头绳，便于用餐；戴眼镜的食客会得到清洁眼镜的眼镜布……更为重要的是，海底捞的每个员工都带着温暖的笑容，而这种笑容也会传播给食客们。让在这里用餐的人能够感到由衷的快乐与放松。这也正是海底捞成功的秘诀。

笑容是可以传播的，在海底捞传播笑容的同时，这个企业的文化也就传播开了，口碑自然也就树立起来了，而传播的媒介自然就是这个企业里的每一个员工。也就是说，我们只要身在组织，那么我们的一言一行就代表着组织，我们展现出来的就是组织的文化底蕴。

组织好不好，全在于我们大家的共同努力创造，再大的组织，也是数个你我共同构成的，若是我们想要找到一个理想的组织，那么就不如把我们所在的组织打造成理想的样子，一切从我做起。想要改变世界，就先改变自己，燃烧自己的工作热情，然后传染你身边的人，再影响整个组织，这样一来，组织上下都有一个激情工作的氛围，在这样的环境当中，又有什么事业是不能成功的呢？

让自己的每个细胞都为组织躁动起来，无时无刻不以组织主人的态度为其出力，那么组织前进了，你也就在不知不觉中成为了组织的领航者，真正的船长！

自觉维护公司形象

组织和我们个人一样，都非常重视名誉和形象，甚至将其看得和组织存亡一样重要。之所以这样，完全是因为组织的名誉就是它实现价值最大化的有力证明，它的形象关系着组织的发展和存亡。

身为组织当中的一员，我们又该如何看待组织的形象问题呢？若是我们把组织真正当成是自己的家，那么我们就应该身体力行地去维护组织的名誉和形象，就像我们维护自己的形象那样去做。

如果我们想成为组织中不可或缺的重要组成部分，那么我们就有义务维护它的形象，就要珍视组织创立起来的形象和名誉，这是我们进入一个组织最基本的义务。即便我们只是组织中基层的一员，也一定要注重组织的名誉，因为组织的形象和我们每个员工的职业生涯都息息相关。举例来说，若是你所在的组织在社会当中有很高的声望，那么作为组织中的一员，你自然也会感到骄傲，也能得到社会的认可与尊重；若是组织形象不佳，那么你也很难在众人面前自豪地说出自己是组织当中的一员。因此，我们应该比重视自己的形象更加重视维护组织的形象。

一个真正聪明的有远见的员工，会把自己企业的名誉看得比自己的生命更重要。因为他知道，只有维护了企业的名誉，自己的名誉和地位才能得到保证。只有让企业的名誉更加好，自己的事业前途才会更辉煌。

当然，我们可能并不会一开始就在一个名气很大的组织工作，但是我们完全可以努力将其变成一个名气很大的组织。到了那个时候，你在向别人说起自己的组织时，这个名字所承载的就不仅仅是一种自豪感了，还会有更大的成就感。

我们完全没有必要因为目前组织的规模或形象不够出色而对其产生各种不满，抑或向身边的人抱怨，甚至诋毁自己的组织，如果这样的话，你不单单是毁掉了组织的形象，也毁掉了身在组织当中的自己。即便你所在的组织现在发展状况不佳，但你也没有必要四处去宣扬，或者觉得丢脸，身在组织当中，你应该有组织荣誉感，不管它现在是否优秀，你都应该告诉他人，我是组织的一员，未来的组织会有很好的前景。

科龙是著名的电器制造商，小王为自己是科龙的一员感到骄傲。但是即便再大的企业，也有遇到危机的时候。那是2005年，科龙遇到了危机，当时很多同行都花大价钱聘请科龙的优秀导购员，但是很多导购员都选择了拒绝，虽然对方开出的工资更高，但他们不愿为了一点点薪资就抛弃科龙，在他们眼中，科龙已经是自己的家了，他们为在科龙工作而感到无比地自豪。

小王也是其中的一员，他在公司已经待了好几年，虽然现在公司遇到了危机，但他并没有想过离开。依旧按照科龙的标准做事。当时他所在的专柜货源非常紧张，库存也很单一，但小王仍旧努力工作，就像平常那样，丝毫焦躁和不耐烦的表情都没有，也正因为如此，连着两个月他的销量都在商场排第一。

后来的一个月里，月中便断货了，但小王仍旧每天按时上下班，真诚地为每个到访的客户介绍他们的产品。当有人表示这些日子就算不来上班也没关系，可以让他挣些“外快”的时候，小王拒绝了，他说：“我以为科龙的一员感到自豪，在过去的几年里，公司待我很好，现在科龙有难，也到了我该回报的时候了。我相信科龙能够挺过去，一切都会好起来，现在的危机只是暂时的。”

就这样，小王选择了和公司共渡难关，一直到危机解除。

珍视我们的组织不仅仅是简单的一句话，更需要我们用实际行动去证明，最简单的就是一言一行都考虑到组织的形象，因为组织的荣耀也是我们的荣耀。我们的形象就是组织的形象。建立形象不容易，毁掉形象可能只在一朝一夕，所以我们更应该重视组织的荣誉，精心维护。

这不仅仅表现在我们建立组织形象和荣誉方面，也表现在组织的形象荣誉面临危机的时候，我们应该怎样去做。

联邦快递是一家跨国企业，在这个企业的电视广告当中，人们看到了救护车司机为了救人，在面对道路阻塞的时候，放弃开车，抱着病人跑向医院的画面。这是广告，但也代表了联邦快递的态度——使命必达。

联邦快递公司的每个员工都非常重视这句承诺，因此多年来为联邦快递树立了最佳的口碑。在联邦快递中有一项“紫色承诺”的服务，这个服务就是不管付出多大的代价，都要保证客户对公司的服务感到满意。即便有困难，员工也愿意克服困难去完成。

有一次，有一个客户要在设定的时间里收到一个重要的包裹，当时正值隆冬，刚刚下过大雪，很多道路都因为风雪而封死了。不巧的是这个客户的家还在山顶上！送货的快递员到达山脚之后，就无法前进了，道路封锁，他不能开车上去，山势陡峭，爬上去也不现实，而且一点点失误就可能坠落山崖！那怎么办呢？打电话取得客户的谅解？可是既然说了使命必达，若是没有在约定的时间送到，那么就背弃了不管付出多大代价一定完成的诺言了。

思来想去，最终这名快递员在无法及时和上级请示的情况下自己作出了决定，他用个人的信用卡租用了一架直升机，并付清了全部费用，将包裹通过直升机送到了客户的手中。这名客户非常感动，还给联邦快递寄出了感谢信。而联邦快递也表彰了这名“自作主张”的员工，因为他在危急时刻维护了组织的信誉。

当组织的名誉受到挑战的时候，我们作为组织中的一员，应该做的自然不是逃避，或是传播不利影响，而是站出来维护组织的形象和名誉。当组织面临一些危机的时候，我们也要以组织中人的身份去弥补，去想办法解决。因为我们每个员工都是组织的灵魂与血液，没有我们的努力，组织再大根基也不稳固。

若是有人对组织进行诋毁，那么我们更应该站出来澄清，尽自己所能去维护公司的形象。事实上，在对公司形象进行维护这件事上，自觉是非常重要的，我们是组织中人，就要时刻记得这一点，不管是在工作中还是在生活中，都不要忘记为组织做宣传，这并不是无所谓的行为，毕竟组织发展了，我们也就发展了。

邓先生是一个公司的销售人员，因为工作需要所以他时常出差。有一次，他在回程的时候飞机出现了故障，闹不好就要机毁人亡，好在各界积极努力解决问题，最终化险为夷。当飞机安全降落，所有人都为死里逃生感到庆幸的时候，邓先生则想到了一个计划。

飞机出现了故障，在空中滞留许久，肯定有很多媒体等在机场了，这不是一个宣传的好机会吗？于是他就在下飞机之前制作了一个牌子，举在手中，上面写着公司的名字，还有感谢各方努力施救，等等，就这样，邓先生公司的名字出现在了千家万户的电视屏幕上。

这一下邓先生公司的名头就打响了，订货量激增，而邓先生也因此成为了副总经理。

闲来无事的时候考虑自己的未来，顺便想想组织，这每个人都能做到，但是在危机过后，第一时间能够想到组织的又有几个人呢？这全凭组织荣誉感来决定，如果你拥有组织荣誉感，那么维护组织的形象就成为了刻在潜意识里的分内事。

不管我们处于什么位置，想要完成好一件工作，都需要内在的精神和动力，若是我们拥有组织荣誉感，那么自然会把组织的形象当成自己工作的一部分，为了组织的形象而努力奋斗。当组织形象伟大起来的那一天，也就是自己扬名立万的那一天。

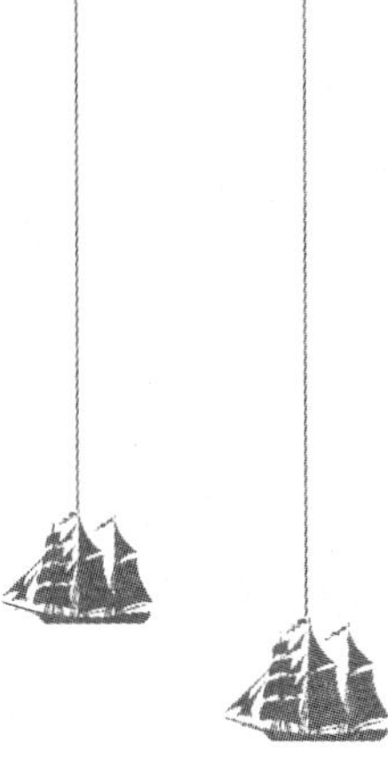

第三章

我的船我负责，不找任何借口

组织是一条大船，它给我们提供了一个发展的平台，当然，与之相应的，我们需要对组织这条大船负起责任。责任，重于一切。不管工作当中是否我们所负责的环节出现了问题，我们都需要明白一点，只要我们身在组织，那么组织的一切都是我们义不容辞的责任。

与组织同风雨共命运

在众多的宠物当中，大多数人都喜欢养狗，因为狗足够忠诚，它的一生只会认定一位主人。与之相比，猫就“人性化”很多了，猫懂得趋利避害，更加圆滑。因此，人们喜欢狗有一种程度上来源于内心的期待。

我们都知道，狗是忠诚的，而藏獒则是所有犬种当中最忠诚的，它拥有强烈的认同意识，只要它认定了一个主人，那么就会跟随主人一辈子，不管别人对它多好，它都只会将其当成朋友，而非效忠的对象。纵然它看起来凶狠、恐怖，但在主人面前，它会乖顺地收起自己的牙，即便主人待它不够亲切，它也绝不会反咬一口。

其实，我们每个人都希望身边有一位藏獒一样的朋友，并不是我们希望有一个人可以奴役，而是我们太需要忠诚了。组织也是如此。每个组织都希望自己的员工能够像藏獒那样坚守，组织需要的不是听命而行的奴隶，需要的是风雨同舟的忠诚。可是对于很多人而言，忠诚更像是故事里的戏文。

每个人在进入组织的时候，十有八九都是因为组织某些方面对自己有巨大的吸引力。进入组织之后，大部分组织还会安排员工培训，从很多方面来说，我们无形之中在组织得到了锻炼和成长。但是有些人在组织索取之后，却选择跳槽，利用上一个组织提供给自己的经验到下一个福利更好的组织当中去。对组织而言，这是一种损失，但是从员工个人而言，难道这件事就有利无害吗？

显然不是，从更深层的角度来看，若是因为其他的诱惑而抛弃自己的组织，那么我们的责任心就已经大打折扣了，因为我们已经成了为利益不管不顾的人，这样一来，不管在哪一个组织，都不敢委以重任，因为责任感太过淡薄。

想要成就一番事业，我们就应该守得住寂寞，更应该懂得坚持。也许有些大组织对你有更大的吸引力，但是你又怎么知道自己的组织不会在未来的某一天发展得更好呢？我们进入一个组织的时候，首先应该对其进行认同，然后告诉自己，和组织风雨同舟是自己的职业宿命，只有这样，你才能够在组织当中脱颖而出。

孙铭准备转行，便到一家大公司去应聘部门经理。虽然他之前没有从事过这个行业，但他认为自己有管理的经验，所以这也没什么问题。在面试之后，老板对孙铭还算比较满意，但是想了想，还是说道："现在的部门经理还没有离职，如果你愿意的话，就先在基层待上一段时间，算是考察期，过了之后马上上任。你觉得怎么样呢？"

孙铭听后想了想，觉得他没有接触过这个行业，确实需要到基层了解一下。于是从第二天开始，孙铭就根据领导的安排去了门店柜台。门店里的员工都认为孙铭是肯定是下一任部门经理，来这里说是考察期，其实什么都不用干。一开始，孙铭确实只是在店里转一转，问问其他销售员一些专业知识。有一天，一个营业员暂时离开了柜台一下，孙铭理所当然地走到了柜台里面，当有人前来咨询的时候，孙铭没有招呼其他营业员过来，而是自己为客户做起了介绍。

大家看孙铭说得头头是道，才发现孙铭不过几天就已经熟悉了营业员的工作。因为孙铭觉得要做部门经理，就需要对基层有所了解，熟悉业务，熟悉公司，这是他义不容辞的责任。

果然，一个月过后，孙铭离开了门店专柜，通过了考察期，回到了总公司，成为了部门经理。

想要成为一个优秀的员工，我们需要做的可能很多，可能有很多方面的要求，但是最基本的一点，也就是最关键的我们要有责任心。对于领导而言，那些敬业的人，有责任心的人，即便专业技能差一点，也远比录用一个能力强却没什么责任感的人。因为任何一个组织需要的都是跟随组织稳定发展的员工，而不是一个能力和变数一样高的员工。

只要有责任感，那么在工作中能力不够的时候自然会努力去完善自己，而组织遇到困难的时候，有责任感的员工也会将组织当作主人去努力解决问题。所以说到底，我们需要的是与组织同风雨共命运的决心。

组织的发展和平稳离不开员工的努力，更需要员工在困难时期和组织共同进退，只有这样组织才有渡过困境的可能，因为组织的基础就是员工。与组织同进退也是我们的责任，可我们若是抛下了这份责任，在组织有难的时候背弃组织，难么组织毫无疑问会遭受重创，而我们则什么也得不到。倘若是我们选择坚守，那么组织自然会在渡过难关之后重用我们。

这也就是说，我们和组织的兴衰存亡是紧密相连的，我们的态度和行为直接决定了组织的未来。我们为组织负责，组织才能为我们负责。其实组织遇到了困难并不是什么离开的借口，就像我们人生一样，总有高低起伏，组织也是如此，你坚守了，风浪过后组织就会发展得更好，你也会得到更多的资源和机会，若是组织有一点困难你就放弃，那么兜兜转转，你也不会有太大的发展。

机遇向来与危难共存，当组织遇到危机的时候，也是我们得到机会的时候，此时我们若是可以和组织共同面对困难，那么在困难过后，也就是我们和组织共同迎接彩虹的时刻。对于那些天天抱怨自己怀才不遇的人，他们应该想想自己是否真的缺少机会，还是自己没有选择机会。在困难来临时，和组织风雨同舟，那么你就有了承载成功的心胸与气魄。

IDG技术投资公司是美国最大的风险投资公司之一，在20世纪末的时候，由于金融危机的影响，使得这个久享盛名的公司一度面临着破产危机。由于资金链出了问题，使得这个公司无法得到大银行的借款。

公司总裁无奈召开员工大会，在大会上他这样说道：“我很遗憾地告诉大家，我们现在面临着倒闭的危机，也许明天就会破产。虽然我需要大家的支持，但我也非常理解大家都有谋生的需求，所以现在我发放每个员工两个月的工资，大家可以选择离开了。”

虽然很多员工都对公司有深厚的感情，但是在现实面前，他们还是选择了现实，于是1000多名员工纷纷辞职，最终只有80多名员工留了下来。他们表示自己的两个月薪水虽然不多，但可以帮公司渡过难关，他们愿意继续为组织效力，直到组织重新站起来那天。

公司总裁非常感动，于是之后开始和这80多名员工四处奔波，为拯救公司努力。在经过了长时间的努力后，终于有一家投资公司帮他们渡过了难关，之后过了一年时间，IDG开始慢慢恢复，并发展得比之前还好，而留下来的这80多名员工，毫无疑问地成为了公司的元老级人物，有了更高的薪水和职位。

当我们面临困境的时候，都希望有个人能够陪伴自己共风雨，组织也是如此。若是在困境的边缘，我们对组织施以援手，那么组织和其他的员工也就有了重新振作的勇气。希望也好，信心也好，这些都是可以传播的，只要我们能够给组织一些支持，那么组织可能就有了扭转乾坤的勇气。

身在职场，我们需要组织的支持，当组织遇难的时候，也需要我们的支持，这也是我们回报组织的时候。天将降大任于斯人也，没有承担组织困境的责任感，那么我们终究难当大任。

要记住，不管什么组织，需要的都是风雨同济的员工，而一个辉煌的组织，构成永远是与其共进退的员工。

组织利益永远摆在第一位

当下，越来越多的人选择“利益至上”，对自己有利，或者说自己的利益受到威胁，便第一个冲上去；若是自己的利益和组织的利益相冲突，优先考虑自己的利益；若是组织的利益受到了威胁，和自己的利益没关联，就“事不关己高高挂起”，和自己的利益有关联，还想着要怎么获得利益再去帮忙……

若是从组织领导者的角度出发，这样的员工，我们能够信任吗？同样地，我们觉得看中自己的利益正常，但站在领导者和组织的角度看，即便我们能够身处组织，却永远无法进入组织的核心，因为我们太重利益，换一句话说，我们的立场太不坚定，因为利益先行。

所以，若是想要在一个组织当中居高位，那么我们就应当承担重任，把自己的利益放在一边，优先从组织的利益出发，这样组织才能信任我们，我们才有更广阔的发展空间。

在个人电脑刚刚兴起的时代，在这个空白的市场上IBM无疑是业界的“大佬”。但是随着时代的发展，后起之秀越来越多，不过对IBM并没有太大的冲击，直到苹果公司推出电脑之后，市场上的形势改变了，因为苹果电脑用户界面更好，于是很多人开始使用苹果电脑。

微软的领导人比尔·盖茨马上考虑开发适用于苹果电脑的软件，为了投入人力和资金，他不得不放弃Excel软件的设计。而负责这个项目的麦克尔已经和自己的团队加班加点地干了好几天，而且表格软件也已经初具雏形，此时放弃，无异于之前的努力全部白费了！

知道了这个消息的麦克尔怒不可遏，第一时间找比尔·盖茨要解释。比尔·盖茨说道："我也是费了很大的力气才下了这个决定。之所以要这样，是因为现在苹果电脑开创了一个新纪元，我们着手于开发苹果电脑用户界面适用的软件，是一种探索，也是为了微软的未来。"

不过麦克尔并不愿意接受这样的解释，毕竟Excel是他的心血，想来想去，他一怒之下递交了辞职书。即便比尔·盖茨一再挽留他，他仍旧不松口。但是因为责任心驱使，他还是尽心尽力地做完了善后工作。他把自己之前设计好的程序移植到了苹果电脑上，还将Excel的操作方法录了下来，然后就离开了。但是回到家之后，他想来想去都觉得离开微软实在可惜。比尔·盖茨一直以来是他敬佩的人，那么比尔·盖茨所作的决定是不是也没有错呢？自己是不是应该考虑公司的未来呢？

就这样，第二天麦克尔回到了微软，表明自己愿意接受安排，就这样，麦克尔投入到了工作当中。由于比尔·盖茨的眼光卓越，使得微软在软件市场上一直做得风生水起。

我们在工作中竭尽全力的时候，却被告知要放下之前的成果，这将是怎样的一种打击？麦克尔经历了，而且做出了正确的选择。确实，我们努力工作很多时候并不是为了一点点工资，而是完成后的成就感，但是当一切被告知停止的时候，我们之前的付出似乎变得毫无意义了，又有谁能够欣然接受这样的结果呢？

但我们必须清楚，没有任何一个组织愿意打消员工的积极性，也没有任何一个组织喜欢叫停一项工作，因为人工等成本都已经付出了。若是组织叫停，那么一定是有什么理由，这个时候我们或许会受些委屈，但若是能够从组织的利益去考虑，这点委屈和组织的得失比起来就显得微不足道了。

和组织的利益比起来，我们的利益不值一提，更何况我们的荣辱命运是和组织紧密联系在一起的。一荣俱荣，一损俱损。组织获益，那么身为组织中的一员，我们自然也是受益人，若是因为我们个人的利益而让组织利益受损，那么看上去我们似乎保护了自己的利益，但从结果来看，我们失去的肯定比守住的更多。

所以在大是大非面前，我们要放下固执，懂得舍小利顾大局。这是一种责任心，也是一种敬业精神。我们在组织当中，需要付的责任就不仅仅是自己了，而是整个组织，所以考虑问题的时候，自然也应该从组织这个角度去考虑。

当然，顾全组织利益并不仅仅是自我利益的牺牲，还包括当组织的利益受到威胁的时候，我们是否能够挺身而出。这就像组织面临危机一样，我们在组织危难之际这么做了，那么我们就成了组织不可或缺的人，试问，哪个组织会拒绝一个一心为组织着想的人呢？

不过，并不是每个人都能看到这一点的，因为在很多人看来，组织的利益自有组织去捍卫，这又不是自己的分内事，为什么一定要去做呢？举例来说，曾经有一个银行发生了抢劫案，罪犯持刀进入银行，挟持了一位妇女，之后便威胁柜台人员拿钱给他。抢钱成功后他便嚣张地扬长而去。一个人拿刀就能抢劫银行，银行保安就在门口，而没有选择阻止。当采访他的时候，保安说："银行又不是我家开的。"

这或许说中了很多人的心理，没错，组织又不是我家，利益受威胁了和我有什么关系？再说了，我一个小员工，有什么机会捍卫组织的利益？如果你有这样的心理，那么这一辈子恐怕你都只能当一个小员工了。

方林是一个企业的质检人员，有一次，为了购买原料，他和经理一起去了外地的一家企业。到那里之后，那个企业的负责人热情地接待了他们，这甚至让方林有些不适应。对方不仅设宴款待他们，还将他们二人的住所安排在了五星级酒店里，晚上甚至还安排了娱乐项目。

方林一开始没在意，因为他是陪自己的经理来的，对方接待经理热情无可厚非。但是在审查样品的前一天夜里，这家原料公司却派人给他送来了一个厚厚的纸信封。方林打开一看吓了一跳，原来信封里是一沓厚厚的钞票。此时方林明白了，原来对方热情款待他们是有目的的。

第二天进行样品抽查的时候，方林果然发现了原料有问题，于是毫不犹豫报告了经理。当然，前一天晚上那个信封他也没有收。经理和老板对方林都非常满意，当他回到公司后，就被升职为质检部的负责人了。

当同事问他是怎么抵挡诱惑的时候，方林说道："我想都没想过要收下钱，只是吓出了一身冷汗。咱们化工企业要是原料有问题，那是多危险的一件事啊！"

当自己的利益和组织利益不冲突的时候，人们可能会捍卫组织的利益，但若是损害了组织利益便能满足自己欲望的话，还有几个人能够坚守岗位呢？实际上，方林的做法不仅捍卫了组织的利益，也捍卫了自己的利益。若是他之前一直兢兢业业，那么拿了贿赂之后一切就都变了，而且损害了组织的利益，他自己又怎么可能全身而退呢？

若想得到领导的赏识，那么我们就要学会将组织的利益放在第一位。

天下没有做不好的工作

某个品牌的广告词是“一切皆有可能”。在这个社会上，又有多少人相信奇迹呢？创造奇迹尚且可能，做好自己的工作又有多难呢？

确实，每个人的职业都不一样，工作内容也各有千秋，有些工作比较复杂，有很多细枝末节的东西，这个时候若是出了差错，如果是你的话，会找理由还是自责呢？不管是哪一种，都是“马后炮”了。

只要用心，没有做不好的工作，但是人们却总是习惯于找各种各样的借口。尤其在组织越来越人性化的现在，很多人将原谅当成了组织应尽的义务。比如因为一些个人原因没能完成工作，组织应该体谅，毕竟谁都有家庭；又比如，工作比较复杂，所以出现了问题也情有可原……

但是我们在组织中的义务不就是做好自己的工作吗？为什么要找那么多的理由呢？对这些找理由的人而言，组织原谅是天经地义的，丝毫没有感恩的心理，组织若是不原谅，那就是小题大做，不近人情了。

可是换个角度想一想，当我们付钱买东西的时候，商品是残次品，我们是否也应该原谅制造商和销售商呢？立场一变，我们的态度就产生了变化。我们是消费者，付了钱就应该得到相应的商品，若是商品有瑕疵，那就是销售商的责任，制造商的责任……

没错，责任是工作当中最重要的一环，那么我们在工作中的时候，是否也应该想想责任二字呢？我们身在组织，拿着组织付的薪酬，做得好，那是我们应该达到的目标，做不好，就是一种失职。

在19世纪的时候，美国和西班牙因为殖民地的问题而爆发了战争。当时美国总统是麦金来，他希望了解当时西班牙军队的部署情况，也想知道盟军古巴的情况。因为当时古巴的起义军首领加西亚身处丛林之中，因为作战隐蔽，所以并没有人知道他具体在哪里。

为了了解盟军动向，麦金来便问当时的情报局局长："我如果要给加西亚送信的话，要怎么办呢？能够有人找到他吗？"

麦金来想了想后说道："罗文中尉可以做到。"然后他便将罗文带了过来。麦金来写完信后把信件交给了罗文，告诉他这封信非常重要，是和加西亚联络的唯一方法。为了完成这个任务，罗文克服了重重困难，一个士兵都没有带，自己进入了战斗区，并在古巴境内滞留了三个星期，最终将信件交给了加西亚。

因为罗文送达了信件，使得古巴和美国联盟对抗西班牙，最终将西班牙驱逐出了古巴。

罗文的任务看似不可能，但他却完美地做到了，可见，没有什么工作是我们做不到的，关键在于我们是否用心去做了。和在战场上躲避不长眼的枪林弹雨，然后寻找一个丝毫没有线索的人相比，我们的工作再困难又能有多困难呢？

更何况，很多时候并非我们没有能力完成，而是我们没有一个把事情做好的态度。对于一部分职场人而言，工作完成就是对得起自己的薪酬了，如果对工作要求更高，那就要额外奖励。如果抱着这样的心态，那么是很难真心投入到工作当中的。聪明的人懂得往长远看，比起薪酬，责任更重，以责任心为前提去工作，那么天下就没有做不好的工作了。

在20世纪80年代初，有一个农村汉子离开了家乡，来到了建筑工地打工。当时正是物资短缺的时候，建筑工地需要的水泥、沙子、砖块乃至木材，都是通过物资局的计划指标调配的。当时物资极其紧缺，所以工程进度时常拖延。

就这样，领导考虑找一个人专门来跟进材料购买这件事比较好，比起再招一个小工，显然从现有的人当中挑选更为妥当，但是找谁来做呢？材料购买可不是一件小事，得找个机灵的人来负责才行。

于是一天，领导将所有的小工召集到一起，说道：“现在要提拔一个小工来当材料科的科长，现在大家也算竞争上岗，谁有能力谁来。我出个题目考考大家，能够解决的那个人就当科长。”

大家你看看我，我看看你，都等着看谁能答出问题。领导说道：“打个比方，现在咱们缺少的是木材，恰巧我知道哪里有木材。问题就是如果你是科长的话，需要我给你提供什么样的条件才能把木材运回来呢？”

一下子大家都谈论开了。有人说：“我的条件是您去物资局那里向领导请示，要来指标我就能把木材运来。”也有人说：“我要是科长不用您亲自出马，你只要提供给我能够完成这项工作的东西就行了，要不然我一个人单枪匹马也要不来指标批文。”

这个时候，一直沉默着的汉子开口了，他说道：“如果我是科长，您告诉我哪里有木材就行了，其他的事情我都会去解决，因为这是作为材料科科长的责任。”

领导听后非常开心，说道：“好，既然你说你什么条件都不要，那这个科长的职位就交给你了。你的第一个任务就是去东阳水库边拆一栋旧房子。那栋房子已经荒废很久了，里面的砖块和木材都能拿回来用作材料。你明天就出发吧。”

大家听后都觉得有好戏看了，因为随口一说任务马上就成真了，而且那个破房子据说因为修建水库荒废在那里好久了，谁知道那里有没有野兽居住呢？不过汉子并没有说什么，第二天就按计划出发了。几天后，他在大家惊讶的目光中将木材和砖瓦都运了回来。

没有什么工作是做不好的，关键在于你愿不愿意去做。有些任务看似不可能，所以有些人带着抱怨站在任务面前，找着各种各样推脱的理由。聪明的员工则一定能够从中看到机遇，困难背后若是藏着机遇，那么这个困难就有战胜的希望。

身在组织，完成工作是我们义不容辞的责任，将领导派给我们的任务圆满完成也是理所应当的，带着责任心去工作，带着使命感去工作，将布置给自己的工作放在第一位，那么天下就没有什么工作是你完成不了的！

对公司负责就是对自己负责

著名的松下电器当家人松下幸之助曾说过这样一句话：“做人和做企业是相通的，第一要诀就是要勇于承担责任，勇于承担责任就像是树木的根，若是树木没有了根，那么树木的生命就无从谈起。”

在组织当中，我们身处什么职位就对应着什么样的责任，而我们肩负的责任和未来的前程以及我们的职业道路有着密切的联系，这也就意味着我们需要对公司付的责任就是对我们自己付的责任。

身在组织，努力工作，尽职尽责是我们必须履行的义务，而且只要我们对得起自己的责任心，那么在组织当中我们自然也会得到多方认可，得到更多升迁的机会，成功的概率也就越大。

陈亮性格内向，在高考之后报考了财会专业，因为分数不高，所以选来选去进入了一所专科学校。毕业之后，陈亮一个人背井离乡，到另一个城市谋求生路。因为每年到了毕业季成批的大学生都找工作，所以想找到一份合心意的工作并不容易，加上陈亮是专科毕业生，又没有经验，而且会计职位一般都招聘女性或是本地人，所以陈亮找了一个月都没有找到和自己专业对口的工作。

最终，不得已的情况下陈亮进入了一家鞋厂，做起了“储备干部”。虽然说得好听，但实际上陈亮只是制造车间流水线上的一名普通员工，在上工的第一天，他就差点流下委屈的眼泪。因为车间环境非常不好，无论是皮革味，还是油漆和胶水味，都刺鼻得令人作呕。加上轰鸣的机器声，赶货时加班加点地工作，让陈亮还是怀疑起来。再怎么说他也是接受过高等教育的人，可是现在却在流水线上做着最简单的工作，怎么想他怎么觉得不甘心。

不过，经过了几天时间的沉淀，陈亮认为既然已经做了这份工作了，就应该安下心来好好工作，毕竟来这里没有人逼迫他，他也拿了工厂的工资。就算现在条件再不好，他也相信，只要自己不断努力，一定可以有所发展。只要是金子，到哪里都可以发光！

有了这个信念，陈亮开始调整自己的状态，不再像以前一样机械地工作，而是在工作的时候用心观察，还跟前辈学习成型技术，为了尽快掌握相关的专业知识，他还制订好了一系列计划，在他的计划当中，除了有做好自己在流水线上的本职工作之外，还有要在业余时间向其他岗位的师傅请教，了解鞋子的制作流程和工艺，等等。

因为陈亮兢兢业业的工作态度，深受部门主管的赏识，没过多久，他就成为了生管部门的一名助理，经过几年的磨炼，如今的陈亮已经是成型部门的主任了。

责任究竟意味着什么呢？社会学家戴维斯是这样说的：“放弃了自己对社会的责任，就等于放弃了自己在这个社会中更好的生存机会。”简单理解，责任也就意味着我们在组织当中的生命力。

责任是我们主人翁意识的最佳体现，我们本着对组织负责任的态度去工作，那么也是对我们本身的一种负责。而敢于承担责任的人，才是组织中最受重视的人。

我们在进入组织的时候，很可能处于基层，即便是管理层，对于组织而言我们肯定仍旧是一个新手，至少不够了解组织。这种时候，若是悠哉地应付工作，那么不仅仅是对组织的不负责，更是对自己的不负责，因为悠闲敷衍的态度会阻碍我们规划自己的未来。

既然已经进入了组织，那么就要对组织交代给我们的任务负责，在规定的时限内保质保量地完成任务，这样我们才对得起自己的工作，才对得起自己付出的努力和时间。如果一味应付，那么不仅仅是对工作的敷衍，更是对人生的浪费。

于江大学学了建筑专业，大四那一年，他去了一家建筑公司做起了实习生。当时他去的时机很好，因为公司正有一项工程在进行当中，这是很多人都羡慕的实践机会，于江也不例外。就这样，于江在上司的安排下到了施工现场，做起了技术方面的助理工作。

虽然一开始于江很期待实践，但真正到了建筑工地他发现很多事他都想得太过于理想化了。建筑工地的艰苦环境是他意料之外的，在建筑工地上，到处尘土飞扬，连一条像样的路都没有，四周都是土路，一刮风更是让人难以忍受，而且下过雨之后道路泥泞不堪。

施工环境糟糕，工人们住的环境也很糟糕，因为建筑工地的宿舍都是临时搭建起来的简易房，不隔音，而且一刮大风门板就响。而于江也和大家一样都住在这样的宿舍当中。也许因为人多，所以于江也没有太大的反抗情绪，而且来之前他也做好了心理准备。但是这样的日子一天两天还行，时间久了他都开始怀疑自己是否能够继续在这个地方待下去了，甚至开始怀疑自己是否不适合这个行业。

直到一次意外的发生，使他的想法彻底发生了改变。那是一个雷雨交加的深夜，除了于江之外其他人早就睡着了，毕竟累了一天了。于江在迷迷糊糊的时候，就听见有人用力地拍门，一边拍一边喊道："快起来，快起来，工地那里有一部分滑坡了！"听到了门外的呼喊声，有几个人马上起床开门走了出去。于江则想："我去了也帮不上什么忙，这也不是我的专业。"于是翻了个身继续睡了。

第二天一早，于江看着从工地回来的张师傅，忍不住问道："您这么大岁数昨天怎么也出去了？现场不是有专门的负责人吗？您直接传达怎么做就可以了呀！”

张师傅笑了笑，说道：“这是我的责任。”说完，于江感觉自己的耳朵隐隐发热。

在很多人眼中，所谓的工作责任就是负责好自己的“一亩三分地”就行了，毕竟在组织里大家各司其职，都有自己的领域，如果是自己领域的事情，那理应尽职尽责，但不是自己专业的问题，自己也就没有必要插手。

但对于现在的组织来说，多是团队合作的形式，仅仅负责好自己的工作范围不能算是尽职尽责，组织是一个大家庭，当一方有难的时候，应该八方支援。这样才算是真真正正对整个组织负责。当你真正地做到了这一点，那么你也就拥有了担当大任的能力。

承担责任是一种宝贵的职业素养，一个人为工作尽了多大的责任，那么他就将从工作中收获多少。我们带着责任心去工作，也就更容易接近成功，组织也就会给予我们更多的信任和机会。

不找借口，只有责任

美国前总统杜鲁门的办公桌上有这样一句话："问题到此为止。"虽然这句话很简单，但是理解起来，就会发现它有更深层的意思，到此为止，也可以理解为到我为止。一切问题到我这里，我就要负起责任，而不是将其推给别人，就算这是别人推到我这里的。

可见，责任是职场当中多么重要的一个词语。但实际上，每个人可能都曾面临过"责任危机"，平时还好，一到出现问题或困难的时候，就开始互相推诿，想着把责任从自己这里撇清。但是每个人都这样做的结果就是谁都没能做好工作，反而影响了整个计划的进程。

杰克是一个大公司的分公司负责人，有一次，他们公司的产品在与他负责的地区接壤的地方发生了严重的质量事故。如果按照地域划分，这件事和他没有多大的关系，也轮不到他处理，然而发生事故的地域的分公司负责人有事出差了。

这种时候按照以往的做法，杰克应该代为处理。但是情况并不算好，这类事故很难处理，闹不好就会引火烧身。与其多一事不如少一事，反正没有他应该做的明文规定，杰克不做什么也不会被处分，但处理不好不是他的责任也会把他扯进去。权衡利弊之后，杰克决定在总公司下指示之前，他都不会出面。但是考虑什么都不做也不太好，于是他以身体不适为由，把这件事交给了助理去做。

助理并没有相关的经验，去了之后问题反而升级了。无奈之下，总公司只得另外派人去处理。虽然问题解决了，但事情结束后公司还是因为处理不及时，处理的过程中出现了问题，所以付出了惨痛的代价。在结束之后，总公司开始追究责任，发现了杰克的不作为。当时如果杰克第一时间去处理问题，也许损失就能降到最低。而杰克却以身体不适为由把整件事交给毫无经验的助理，才使得事态恶化。

但杰克仍旧狡辩，自己确实不舒服，事态恶化也完全是助理处理不当的结果。但公司还是对杰克产生了不满和怀疑，最终杰克不得不在议论纷纷中离开了公司。

认清自己的责任，才能承担责任。组织并不会将所有不属于你职权范围的责任推卸给你，交给你的部分自然是你应该承担的。也就是说，我们在工作当中首当其冲的是明确自己的责任，知道自己该对什么样的事情负责，在应该负责的时候站出来，就是尽职尽责。

对工作负责是工作的根本，一个没有责任感的员工不会是一个称职的员工。不管是遇到什么问题，不管是不是自己造成的，只要是自己职权范围内的问题，我们就难辞其咎。但是很多人往往忽略了这点，出现问题被批评的时候，第一时间想到的是找什么样的借口推卸，这样一来，自然难当大任。

同理，如果有强烈的责任感，那么在出现问题之前就会努力去避免问题的出现，这样一来不仅能够获得领导的信任，也为自己的事业在通往成功的道路上奠定了坚实的人格基础。每个领导都知道重责任的员工对组织的价值。如果在工作中你考虑的是如何避免问题出现，那么你就会有越来越多的升职机会。

小玲大学毕业后进入了一家大医院，过了一年的时间，她有机会担任重要手术的责任护士了。做手术的是一个资历很老的主任医师，但小玲仍旧不敢懈怠，认真严肃地观察着手术过程。

手术结束后，小玲清点用过的纱布后大吃一惊，原来纱布少了一块！着急的小玲马上四处寻找，找了半天没有找到，这也就意味着，这块纱布可能仍旧留在患者体内！这个认识让小玲吓了一身冷汗，而此时缝合工作已经接近尾声，小玲马上阻止道："大夫，您取出了11块纱布，还有一块在患者的体内。"

"缝合前你怎么不说？"主任非常不开心。

小玲想自己明明一块一块地数着，正好12块，可现在却无缘无故地少了一块，显然是医生的过错，但小玲仍旧低头说道："对不起，没有监督好是我的错。请您停止缝合，取出纱布吧。"

看着小玲认真的样子，主任笑了笑，举起了自己的手，说道："恭喜你，你已经是一名合格的责任护士了。"原来第12块纱布在主任的手里。

在问题面前，很多人急于推卸责任，为的是证明自己没有错，即便自己有，也想把责任推开。但真正重要的事情并非想办法推卸责任，有这个时间不如去解决问题更为实际。

在工作当中，难免会有各种各样的问题出现，也难免会犯错误，但是既然错误出现了，那么我们就要想办法去弥补，而不是为自己的失误找各种各样的理由辩解，甚至说得自己都相信自己没有错了。就算我们的理由是真的，但没能注意到这个理由，难道我们就可以把属于自己的责任推个一干二净了吗？

詹姆斯所任职的公司遇到了财政危机，为了找到问题根源，他召开了一次员工大会，所有地区负责人必须到场参加，不得有例外。在开会的时候，就财政问题大家展开了讨论，几乎所有人都认为如今公司的财政危机是商业环境不景气造成的，这也是不可避免的。

听了大家雷同的答案后，詹姆斯摆了摆手，示意大家停止发言，说道：

“现在我们休息十分钟，我擦擦鞋子。”然后就不管大家惊讶的目光招来了一个背着工具箱的小孩，然后坐在椅子上让小孩给他擦鞋。

小孩认真地干着工作，就像看不到周围的人一样，十分钟之后，他把詹姆斯的皮鞋擦得锃亮，詹姆斯则给了小男孩一个硬币。小男孩离开后，詹姆斯说道：“我希望大家好好认识这个小朋友，他拥有在我们整个工厂和办公室里擦鞋的特权。在他之前，也有一个小孩，年龄还比他大，除了擦鞋的酬劳外，我每个星期还会给他5美金的薪水，但他挣的钱仍旧没办法维持生活。而刚刚这个小朋友不仅生活得不错，每周还能存下一点点钱。同样的环境，同样的工厂，同样的客户，却是不同的收入。你们觉得之前那个小孩赚不到钱，是顾客的问题还是他自己的问题呢？”

“他自己的问题。”大家异口同声。

詹姆斯笑了笑，说道：“那好，我想说的其实很简单，那就是我们现在推销的产品和去年的产品完全一样，推销的客户、商业条件和地区都完全一样，但今年的业绩却远不如去年，这又是谁的问题呢？”

刚开始大家沉默了一会儿，过后，才抬起头来，异口同声地说道：“是我们的责任。”

责任是员工生存的根基，哪怕你是一名做着最普通工作的普通的员工，只要你担当起了你的责任，你就是老板最需要的员工。只有那些承担责任的人，才有可能被赋予更多的使命，才有资格获得更大的荣誉。

有些人在工作出现问题的时候想着办法找借口，以让自己脱离指责，但现实是责任就是自己的，推不掉。再冠冕堂皇的借口和理由也不过是一个假象罢了。我们工作中出现了问题没有什么是接受不了的，毕竟没有十全十美的人，而且也没人希望自己出错。

但既然错误已经发生，就不要因为害怕而随意地推卸责任。错误出现的时候，我们应该做的就是想办法弥补。首先我们应该第一时间承认责任，然后及时处理，毕竟任何错误在发生的第一时间处理都能将损失降到最低。

处理了错误是我们的责任，不要等着别人来夸奖，该承认的错误还是需要承认的，而且我们承认自己的责任失误并不是为了良心好过，而是真正地认识到了自己的失误，不避免去回忆，这样我们才能避免下次发生同样的问题。

最重要的是，当我们的工作出现差池之后，我们还要对自己充满信心，毕竟我们有勇气承担责任，又怎么可以缺少重新站起来的勇气呢？

当然，最好的办法还是从源头上开始——避免错误的产生。

第四章

忠于职守，与船共存亡

我们为什么身在组织？因为组织能够给我们提供追求未来的机会和条件。那么，我们对组织仅仅是利用吗？当然不是，就像人与人之间维系关系那样，人与组织之间，也要用忠诚来做基石。只有我们忠于组织，才能真正融入组织，引领组织。

忠诚重于能力

从前有一个青年，为了得到成功的秘诀而向一位年迈的智者请教。

智者听了青年的困惑之后没有说话，而是进屋拿来了三块大小不一的西瓜，在青年人疑惑的眼光中说道："这三块西瓜代表着同体积的利益，让你选着吃，你吃哪块？"

"当然选最大的那块！"青年说道。

智者点了点头，示意青年可以吃自己选择的那块瓜了。青年马上大快朵颐起来。

智者则不急不慢地拿起最小的一块吃起来，然后不急不慢地吃完了自己的那份，又在青年吃惊的目光中拿起了第二大的西瓜。在青年眼前晃了晃便吃了起来，然后一边吃一边说道："这就是成功的秘密。"

青年明白了，要想成功，就不能把眼前的利益放在第一位。

对于一些利益至上的人来说，不占便宜就等于吃亏，更别说让自己付出了。当忠诚二字摆在面前的时候，就好像有个陷阱等着自己跳进去一样。于是这些人认为自己更为精明，可事实上，失去最多的也是这样的人。

为什么要这样说呢？因为忠诚是我们进入一个组织最有效的钥匙，也是最大的资本。举例来说，如果一个人要聘请保姆在自己不在家的时候打扫卫生，那么聘请的首要标准是什么呢？当然是忠诚，没有信任，雇主和被雇佣的人之间就无法建立联系，也就是说忠诚是自己和领导之间的桥梁。

实际上，对组织忠诚这件事和吃西瓜颇为相似，之所以这样说，是因为二者都是看似吃亏，实际上却能给人带来最大的利益。因为忠诚最大的受益人就是自己。对组织忠诚乍看之下好像会让自己失去些什么，但时间久了，忠诚总会给你带来回报。如果你眼中只有最大的那块西瓜，那么你能够得到的也只有那一块罢了。

当然，从利益方面来分析只是其中的一个角度，毕竟忠诚这件事不是能够用利益衡量的。如果以利益为前提，那么忠诚的根基就不存在了。忠诚应该是一种美德，忠诚于自己的组织，忠诚于自己的领导，患难与共，那么我们除了能够更加深入地了解自己所在的行业之外，也会对人生有一种体悟。当自己的忠诚对组织发挥作用的时候，我们还会产生一种由衷的自豪感与成就感，此时的工作就不再仅仅是工作，而成为我们的一种享受，成为我们毕生的事业了。

若是领导告知你需要你的忠诚，不要把它当作是领导想让自己成为他奴隶的说辞，我们更应该相信，这是领导对我们的重视，毕竟忠诚的员工更能担当大任。所以无论从哪个角度来说，忠诚都是身在职场的我们所不可或缺的一种重要素质，甚至高于我们的能力。

有些时候确实忠诚可能让我们舍弃一些眼前的东西，但从长远来看，忠诚回报给我们的，远比能力带来得多！

宋华和韩飞两人大学毕业之后进入了一家外贸公司，宋华在采购部门工作，而韩飞则进入了业务部门。从能力上来说韩飞的能力要比宋华更强一些，因此进入了发展空间较大的销售部门，工资也比宋华多一些。但韩飞并不满意这样的分配，因为他觉得自己的工资都要靠自己努力去得来，而宋华所在的部门显然是一个好职位，因为会有很多“外快”。

但是宋华从来没这么想过。一开始，他负责公司的采购，虽然他没有什么职位，但很多供货商还是会来"拜访"他，有些人会给他送一些礼物，有些人直接给他现金或者银行卡。一个刚毕业的大学生，面对这些不动心是不可能的，但是想到自己的公司，宋华还是严词拒绝了。

韩飞知道后直接说道："你傻不傻呀？购买的这些东西本来就是需要的，人家不过是想让你把数字改一改，多购进一些而已，又不会有多大的纰漏。你拒绝了公司会给你奖励吗？"

宋华摇了摇头，说道："我拒绝了这些就没想着公司会给我什么奖励，我一个刚毕业的学生，就在这么重要的位置上工作，我不能因为一点私心就背叛公司啊！虽然这个职位不高，但工作还是挺重要的，如果不是老板信任我，又怎么可能会把这么重要的工作交给我？我要对得起他的信任！"

"唉，榆木脑袋。"韩飞摇着头走开了。

之后，不管哪个供货商来找宋华，宋华一律表示用产品说话，企业需要多少就购进多少，有预算，不能随便更改。当进行产品检验的时候，宋华也格外认真，不带任何私心找出了物美价廉的商品，并做好了书面报告交给了老板。老板看了数据非常满意，笑着说道："你的报告非常好，你推荐的商品也确实性价比高，看来你在采购的时候是真正为企业着想的，你这样的人我放心，你就当我的助理吧！"

就这样，入职没多久的宋华成为了经理助理。而韩飞则在公司没过多久就被开除了。韩飞非常不满，找老板理论。老板说道："你的能力是毋庸置疑的，否则你也不会进入我公司了。只是你也许并没有把自己当成公司的一员。根据相关部门提供的记录来看，你出差的成本要比其他员工高出30%左右，外出住宿的餐费中也有不小的开销，而且你的交通费用中全部是计程车费，从没有公交车费用。最令我感到失望的是你昨天晚上接待客户的报销单，因为我偶然经过你用餐的饭店，看到你招待的是我们对手公司的人事部经理。"

老板说完，韩飞脸都红了，一句话都没有再狡辩，灰溜溜地离开了办公室。

人在职场，难免会遇到各种各样的诱惑，在诱惑面前，有些人选择遵从本能，接受诱惑，但他们忘了，诱惑的背后往往是深不见底的沟壑。天上不会掉馅饼，若是在职场有了让你无法自持的诱惑，你就更应该擦亮自己的眼睛，更应该明白之所以这些诱惑找上你，全因为你背后的组织。

不要想着自己为组织付出了很多，借组织之便拿一些好处无可厚非，你若是真的这样做了，那么你所有的努力都将白费。面对诱惑，最好的遥控器就是忠诚，我们选择忠诚，就要让它擦亮我们的眼睛，看穿诱惑背后的陷阱。

其实社会虽然大，但每个行业其实都是一个小圈子，若是你因为一点利益而背叛了自己的组织，那么你在这个行业就会失去立足之地，毕竟没有哪个组织愿意在自己的领土中埋下炸弹。就算对手公司承诺会给你很多优异的条件，但你答应了就是彻底抛弃了自己的忠诚，最终你也只会被一脚踢开。

忠诚表现在方方面面，不仅仅是在面对诱惑的时候才能彰显，当组织的利益受到挑战的时候，我们同样要站出来，当组织处于危难之际时，我们也要选择坚守。永远站在组织的角度去考虑问题，这样对你自己的工作能力也会有所提升，你才能进步得更快。而忠诚也会为你带来领导的信任与青睐，为你带来更多的机遇。

恪尽职守，永远不当逃兵

人生就是由无数的选择组成的，在选择自己的职业和组织的时候，我们往往更加谨慎，因为我们进入了一个行业，就意味着我们将在这个行业奋斗终生，毕竟事业是需要时间和拼搏才能获得的。同样地，当我们选择一个组织之后，也要有一条路走到黑的心理，不要想着以后跳槽，而想着在这里发光发热，实现自己的人生理想。

对于很多组织来说，现在跳槽都是一个很大的问题，尤其很多年轻人，更是把换工作当成了家常便饭，稍有不满就舍弃组织。确实，跳槽可以让我们有更高的薪水，更高的职位，但跳槽也意味着我们丢掉了忠诚。

如果你很轻易地就放弃一个组织，那么就代表着你永远看重自己的利益高于一个组织的利益，这样的员工到哪里都不会被重用的，因为一个组织最需要的恰恰就是忠诚！跳槽看似获得了更好的待遇，但这都是用我们的忠诚换来的，而忠诚要远比多一点点薪资，高一点点的地位有价值，而且也只是一时的，频繁跳槽会失去组织对我们的信任感，最终我们的境遇会越来越差。

曾有一个网站针对一批职场年轻人做过调查，调查数据显示，超过一半的人有跳槽的经历，即便他们工作的时间还很短。在这一半人当中，有多一半跳槽经验超过两次，在没有跳槽经历的人当中，又有多一半曾有过跳槽的想法。

虽然调查到此为止，但是，如果调查继续深入下去的话，我们不难预料，跳槽的原因无外乎几种，比如有其他的组织提出了更好的条件，又或者现在所在的组织发展不够快，平台不够大，亦或者现在组织面临危机，自己是不得已为之……总之要找跳槽的理由可以找出许许多多，而且每个理由都不是自己的问题，而是组织不够好。

如果组织不够好，自己最初为什么又要选择它呢？组织提供给我们成长的平台和机会，而我们的回报就是舍弃它，当逃兵吗？简历上过多的工作经验并不会让人觉得你是多么八面玲珑，只会怀疑你的职业素养和你对组织的忠诚度罢了，毕竟没有哪个组织愿意给别人做嫁衣，把你培养出来却送给了其他的组织。

身在组织，我们就要恪尽职守，做好自己的分内事，不要总是这山望着那山高。

在一片茂密的森林当中，住着各种各样的鸟。大家一直其乐融融。有一天，乌鸦突然一改懒惰的习惯，四处飞了起来。喜鹊看到非常不解，便问道：“乌鸦兄，你这么勤劳是在做什么呀？”

“还能干什么，搬家呗。”乌鸦说得理所当然。

“可是你才在这里住了几个月呀！”喜鹊不明白乌鸦为什么要频繁地搬家，继续问道：“这片森林不美吗？哪里不好了？”

“唉，我受不了噪声，我之前就是因为讨厌噪声才搬到这里来的，可是猫头鹰那个家伙也要搬来了，我就必须走，它的声音实在太难听了！你们就守着这儿，等着遭殃吧！”乌鸦提起猫头鹰就非常不满意。说完就飞走了。

喜鹊想了想，继续说道：“你在哪里都有可能遇到猫头鹰啊！再说了，你觉得它叫的声音难听，大家一起劝劝它放低音量不就行了吗？为什么一定要离开呢？”不过乌鸦已经听不到它的声音，因为乌鸦已经飞远了。

寓言很简单，换一个环境并不代表就能够在根本上改变我们的境遇，其实在工作中很多时候选择放弃都只是因为一些小事，并不是什么大的困难，只是我们胆怯于承担，不愿意去负责，所以最终只能当一个逃兵。

但就像我们的人生有跌宕起伏一样，工作怎么可能一直一帆风顺，没有任何波澜呢？人生中遇到困难我们只能迎头向上，因为我们躲不过。其实在工作当中我们也应该抱有同样的态度，不要总是想着工作有困难，组织有困难就换一个“战场”，如果总有退避的心理，那么不管做什么我们都难以坚持，在哪个组织都不能待长久。

真正的勇士敢于直面挫折，我们既然身在组织，既然有了自己的职位，那么我们理应为组织效力，理应在遇到困难的时候及时处理，毕竟这是我们身在这个职位应该肩负的责任，对组织应该抱有的忠诚。

若是总有“逃兵心理”，那么我们也许只能改变眼前的现状，对自己的未来没有丝毫帮助。永远把换工作当成退路，那么我们对任何一个组织都不可能产生归属感，还会在日渐磨平的激情和忠诚里彻底失去自己的事业。

程琳大学学习了广告设计，毕业之后本着发展的打算进入了一家中型的广告公司，她觉得这样的公司比小公司平台高，比大公司竞争少，而且晋升空间也比较大。就这样，即便工资很低，但她还是选择了这个公司，毕竟与她的一些连工作都没能找到的同学相比，她已经算是很幸运的了。

程琳本身水平就不低，凭借着自己扎实的基本功和灵活的头脑，她设计的广告很快就获得了客户的青睐，她也因此受到了领导的表扬。虽然加薪不多，但还是给程琳加薪了。而程琳也因为自己的广告开始受到业内一些人士的关注。程琳想，现在自己也算是较有成绩了，正好是跳槽的好机会，虽然公司给自己加了薪，但并不多，短期之内应该也不会再给自己加薪了。于是程琳没有丝毫犹豫辞了职，开始找新工作。

可是和程琳预想的并不一样，虽然她在业内有了一些关注，但像她这样的人在业内多了去了。想要进大公司，比她能力强的人不知道有多少，因为自己平台有点高，她又不甘心去小公司，所以兜兜转转，程琳一直没能找到理想的工作。

有些时候，人们选择背弃组织并不一定是组织陷入了什么不堪的境地，甚至于工作中都没有遇到什么问题，之所以选择离开，正是因为很多人和程琳一样，有一种通过背弃组织获得更高利益的想法。但现实也许并没有我们想象中那么好，跳槽之后不一定就能找到比现在更为理想的组织，获得更高的职位和待遇。

而且在什么困难都没有的情况下离开组织，看似不是背叛组织，实际上也是一种逃兵行为。因为没有胆量用时间换取自己的成功，没有信心等待组织的发展，更对自己在这个组织当中没有任何信心。

不管组织有没有遇到困难，离开组织首先就是一种背叛，是对自己忠诚的一种消费行为。而组织恰恰最重视的正是员工对组织的忠诚度，若是每个员工都能坚守组织，恪尽职守，那么组织即便规模再小，也会产生凝聚力和向心力，平稳而快速地发展起来。而你，自然也会乘着这艘大船乘风破浪。

刘丹大学主修法律专业，她的理想就是成为一个名声大噪的律师。但毕业之后她除了专业知识之外并没有什么经验，所以只能到律师事务所去从助理律师做起。助理律师的工作让刘丹感觉辱没了自己的专业，因为她的工作只是在办公室里打下手，给人端茶送水，整理文件，等等。

不过刘丹明白，她刚毕业，有专业知识却没有实际的经历，不管做什么，好歹都在律师事务所里，也不缺学习的机会。就这样，刘丹安心工作，即便她的一些同学已经开始接触案件了，她仍旧在办公室里打下手，却没有丝毫不满。但业余时间，她并没有放弃学习，而是和前辈学习各种各样的辩护技巧，这些都是她上学时不曾学过的实战经验。因为刘丹做事稳妥，所以事务所的其他律师都愿意教这个虚心向上的小姑娘多一点东西。

3年之后，刘丹终于在同事的推荐下接到了第一个官司，并通过这场官司在业界出了名。有了名气之后，自然有很多事务所向她抛出了橄榄枝，但是刘丹一直没有动心，因为她觉得之所以能够有今天的成绩，全凭组织和同事的帮助与提携。

就这样，刘丹以对组织的忠诚打动了许多人，很多人相信她的人品而慕名前来，同事也愿意多给刘丹一些机会，就这样，刘丹的业绩不断上升，现在的她已经成为了事务所里的金牌律师了。

职场想要向高处走，就需要不断地积累，也就是说，我们的事业就是一个积累的过程，坚守在一个组织当中，我们才能最快到达自己的目的地，若是总想着跳槽，那么我们总要从零开始。

想要在事业上有所成就，想要一个能够让自己施展才华的平台，那就要学会坚守自己的岗位，通过自己的努力影响周围，让组织和自己融为一体，任何时候都不当逃兵，这就是我们事业的开端。

遇到困难，能否挺身而出

想着自己的未来坚守岗位并不是什么困难的事情，对于大多数人而言，只要组织能够发展，给自己提供了合理的待遇，那么保持忠诚也就变得顺风顺水了。然而，忠诚并不仅仅表现在平时，若是组织遇到了困难的时候，你还会对组织忠诚吗？会为了组织挺身而出吗？

有些人或许认为，组织在遇到困难的时候，我们能帮的就帮，若是对自己的利益造成了威胁，那就没有办法出手了。而且在组织有危难的时候不离不弃就已经是仁至义尽了，挺身而出引火烧身实在是没有必要。

很多人的忠诚是在以自己的利益为基础建立起来的，如此的“忠诚”经不起考验。真正的忠诚是将组织作为主人，不管何时何地，没有任何条件站出来维护组织。即便问题并非出在你的身上。

这也就意味着，在关键时刻若是组织有难，我们要站在领导一方，为其排忧解难，这是对我们的一项严峻考验。因为我们需要说服自己，告诉自己，一荣俱荣，一损俱损，而不是事不关己就离得越远越好。另外，当组织处于危险境地的时候，肯定需要一切可以利用的力量，即便我们是其中薄弱的一环，也要学会发光发热，不要想着自己对组织不够重要，要知道，我们是组织的根基。

忠诚，是我们成为组织骨干的必备条件，以未来主人翁的心态来看待忠诚，就会发现这对于我们而言有多么难能可贵。而有了忠诚的支持，我们就会发现自己是那么的勇敢和有胆识。当组织面临危机的时候，恰恰就是我们证明自己的时候。

实际上，组织遇到危机的时候我们总是想着自己能力不够，其实这都只是我们想要背叛的借口。如果危难降临到我们自己身上，我们就会发现自己有无限的潜力，因为我们除了战胜眼前的危机之外没有其他选择。在组织当中亦是如此，如果我们能够放下一己私欲，让忠诚主宰我们，那么组织在困境中的时候，我们才能坚韧不拔地创造出一条成功之路来。

卡尔是一家公司的项目负责人，也是所有同事眼中的“工作狂人”，因为只要是交给他的工作，卡尔从来没有抱怨过，即便有时需要加班加点。虽然公司有好几个项目负责人，但是大家彼此之间的项目从来没有什么冲突，而且每个人负责的方面都不一样，所以也不存在什么竞争，可卡尔就是特别努力。

有一次，一个老客户介绍给公司了一个新客户，新客户提出了一项任务，这项任务完成的话收益并没有多惊人，而且这个项目需要耗费大量的时间，稍有差池就有可能让成本超支，这样一来整个项目就是亏钱的，而且这个客户还要求在短时间内做到最好的标准，这无异于强人所难。按理来说应该要拒绝这个项目的，但中间有老客户牵线，如果不接不仅损失了一个新客户，说不定也会得罪老客户。

一时之间，所有的项目负责人都犯了难。没有人敢担此大任。看没有人站出来，卡尔站出来了，他表示自己能够接下这个项目。就这样，人们唯恐避之不及的项目落到了卡尔的部门。在接到任务之后，卡尔首先鼓励了自己的部门员工，表示这项工作虽然难，但并非无法完成，他相信大家有实力将这件事做好。之后他就开始分配任务和人手，一切准备工作做好之后，卡尔率先以身作则忙碌了起来，于是整个部门经过了几天几夜的奋斗，终于将这个困难的任务完成了。

客户非常满意也非常感谢，因为之前他的这项任务被好几个公司拒绝过了，所以抱着试试看的想法来到了朋友介绍的公司。见这个公司效率这么好，这个新客户表示以后可以长期合作了。

卡尔在公司为难的时候站了出来，解决了同事们的难题，解决了组织的困难，还为组织迎来了新的机遇，而他的价值自然也在老板面前得到了提升。当人们问起他为什么这么“拼命”的时候，卡尔微微一笑，说道：“我是项目负责人，这本身就是我的职责。公司有难我自然也会遭殃，公司好了，那我当然也就好了。”

身为组织当中的一员，我们的利益是与组织息息相关的，组织有难的时候我们不可能全身而退，所谓一荣俱荣，一损俱损。在组织面临难题的时候，需要每个人的努力，这个时候若是我们能够出一分力，那就应该第一时间站出来，不要总是有所保留，这恰恰正是表现我们的时候，也是我们回报组织的时候。

聪明的员工明白，组织好了，自己自然也跟着发达，组织不好，自己自然会受到牵连。与其“被动挨打”，还不如主动出击，不要非得等责任落到自己头上再去想办法，到时候该做的事情还是要做，如果结果是一样的，那为什么不能第一时间自己站出来呢？

为组织排忧解难是我们义不容辞的责任，有着和组织同生共死的想法，我们才能真正将自己的发展与组织联系到一起，也才能更好地找到自己的位置和未来的前进方向。

李开复曾任职于谷歌、微软和苹果等国际知名企业。在他刚刚进入职场的时候，进入的就是制造了风靡世界的苹果手机的苹果公司。只不过当时的李开复只是一个技术工程师罢了。

虽然如今的苹果公司做得风生水起，但在李开复初入公司的那段时间这个公司的经营状况并不好，而公司里的所有员工似乎都等待着企业的没落，每天都唉声叹气的，没有一个积极向上的氛围。如果不能在市场上找到一个突破口，那么苹果公司的情况只会越来越糟糕。

李开复非常明白这一点，也许大家都明白，只是这是市场部的问题，轮不到别人操心。但李开复却认为作为企业的一分子，他有义务在有能力的时候站出来为组织排忧解难。站在组织的角度来看，职责就没有你我之分了。

当然寻找突破口并不是一件简单的事情，如果简单的话就不会是今天这个样子了。但李开复并没有被困难吓倒，他每时每刻都在思考这个问题。终于，有一天他发现公司的多媒体技术不错，只是因为缺少用户界面设计的专人，所以多媒体技术无法成为简单可操作的软件产品。这不正是一个突破口吗！

想到这里李开复非常兴奋，跟着这个方向做出了一份报告，并上交给了副总裁。副总裁看到之后非常兴奋，因为这确实是一个机会。经过这件事，没过多久李开复就成为了媒体部门的部门总监。而苹果公司也顺利地渡过了一次危机。

进入组织之后，我们就该认识到自己和组织是紧密相连的关系，不管自己身在什么位置，和同事的关系如何，到了组织有难的时候，大家就都成为了战友，每个人都应该为组织尽一份力，就算那并不是我们的本职任务。

在危难时刻，若是不出手相助，那么组织颠覆了，不复存在了，我们也就失去了立足之地。在组织这条大船上，我们每个人都是保证船能前行的水手，所以当困难来临的时候，我们才是应该第一个冲上去的人。

组织提供给我们展示才华的机会和空间，而我们要回报给组织的就是创造的价值和忠诚，记住，当危难来临的时候，回报组织，展示我们的机会也就一并来临了，能够在组织面临危机的时候扭转乾坤，那么你就拥有成为组织主人的资质，理所当然地，你也会得到为组织效更大的力的机会。

船是我们的，工作不分内外

在职场上，难免会听到一些人的抱怨，比如“为什么我们一起进组织，他的职位比我高？”或者“为什么要让他升职，给他加薪？他就是个‘马屁精’”，等等。每当听到这种抱怨的时候，当事人的内心肯定被妒忌和对领导的不满所占据。可是，这些抱怨的人有没有自省过呢？

其实，任何一个组织都不会随意分配资源，高职位对应高收入，当然也对应真正有能力的人。那些不平的人或许又会说“我能力并不比别人差，只是没有施展的机会”。机会对于职场中的我们而言实在是太重要了，但我们也不能走入一个误区，那就是等着机会送上门。

职场的竞争是非常激烈的，要想得到机会，就要自己去争取。那些在你眼中所谓的“拍马屁”行为包括什么呢？是不是做了自己本职工作之外的事情？这或许是一种表现的行为，但至少是为组织贡献了一分力量。早起的鸟儿有虫吃，如果你也勤劳一点，不觉得薪酬范围之外的工作没必要做，那么在组织当中你的地位自然越来越高。

任何一个组织，领导都喜欢那些自主工作的员工，更喜欢为组织奉献的员工，工作不分分内分外，是成为组织储备干部的必备条件，因为这显示出了一个员工的主观能动性。只是太多的员工在意了回报，总想着回报要多于付出，或者领导要求才行动，否则不在自己工作范围内的事情就看都不看，如果你只看着自己眼前的工作，又怎么可能找得到机会呢？

多付出一些并不难，不要总是斤斤计较，多付出一点总能在未来的某一天让你得到更大的回报。如此简单的道理，为什么没人明白呢？其实不是没人懂，只是太多的人习惯了“拿多少钱就做多少钱的事”，用利益来衡量自己做事情的用心和尽力程度。而一个利益至上的人，又怎么能够让组织相信你是真心为组织而生，忠于组织的呢？若是以利益来衡量一切，那么在利益的驱使下，你是不是也会背叛组织呢？

我们应该明白一点，组织给了我们薪资，那么为组织效力就是我们义不容辞的责任，若是想得到更高的薪资，那么就应该做更多的事情。组织当中的领导在考量一个员工应该在什么职位，拿什么薪资的时候自然会以员工的水平和资质来决定，你无利不起早，工作懈怠，别人主动进取，不等领导吩咐就去做，如果你是领导，会怎样分配呢？

答案显而易见。所以，我们不要在工作前先去考虑利益，想着自己付出多少才不会吃亏，既然承担了任务，就要尽心尽力去做，发挥自己最大的能力，这样你才能获得锻炼的机会，才能越来越优秀，在激烈的竞争当中脱颖而出。

米雪和米莉是两姐妹，她们进入了同一家公司，米雪是前台接待人员，而米莉是一名助理。两个人的工作都很简单也很单调，有些时候还有些枯燥，不过两个人对待工作的态度却完全不同。

作为一个前台接待人员，米雪需要接待来宾，接电话，送送报纸等，但这些工作米雪很快就腻烦了，接电话的时候态度也不好，有时候还会不耐烦，接待客户的时候连个笑容都保持不了多久，送报纸更是往人家桌子上一扔，如此一来办公室里的人都对米雪有了不小的意见。毕竟前台接待是一个企业的“脸面”，前台态度不好，会影响别人对公司的印象。

关于这件事，米莉不止一次说过米雪了，可米雪总当耳旁风。有一次，米莉到前台取快递，看到地上有一片废纸，便随手捡了起来，扔到垃圾桶里，然后问道："地上有片废纸，你怎么也不捡一下呢？"

"我是前台，又不是清洁工。咱们这儿有清洁工打扫，不用我管。"米雪理所当然地说道。

"可是如果客户来了看到影响多不好啊！"

"那就轮不着我操心了，再说了，也没发我那份工资。谁规定地上有纸前台就要捡起来？"米雪丝毫不认错，还狡辩。

米莉无奈地摇了摇头，自己的这个妹妹，无理搅三分，她只得提醒道："你好好工作才有升职的机会，你总是这样，被领导看到了非得批评你不可！"

"我一个前台，还能升职成经理不成？你还不是一样，一个小助理，再积极给谁看啊！"米雪说完就玩手机去了。米莉见说服不了妹妹，也只得回去了。米莉和米雪不一样，虽然她的工作只是整理材料，打印文件等，但她做得非常认真，了解了工作流程之后往往别人要一份资料，她会在第一时间把后续需要的资料也整理好，这样一来效率就高了很多，米莉也得到了同事们的认可。

除此之外，米莉还在整理资料的时候顺便检查，如果发现问题，她还会找一些相关资料进行整理，然后标注出问题，一同交给需要的人，这样一来别人工作的时候就方便多了。没多久，米莉就离开了办公室，成为了总经理助理，而米雪呢？因为工作不认真、不主动，被辞退了。

能够在职场上风生水起的自然是机灵的员工，而机灵的员工都明白应该怎样扩展自己的平台，通过努力工作让自己获得更多的表现机会。

从另一个方面来说，工作不分分内分外也是忠诚的一种体现，毕竟组织是我们大家的，每个组织中人都有义务为组织贡献出最大的力量。不要去以周围的人为参照物，如果真的要学习，就看看那些为了组织鞠躬尽瘁的人，如果只看到在自己的职位上怡然自得、昏昏度日的人，那么你自然看不到机会，但若是你明白作为组织的主人应该承担些什么，那么比起观察，我们更应该要学会行动。

如今的职场竞争激烈，我们若想在关键时刻脱颖而出，就要在平时比别人多走几步路。不要以工作来衡量自己的能力，要用自己的能力来衡量工作，你觉得在完成本职工作的基础上能够干得更多更好，那么就不要吝啬去付出，即便今天你没有变化，只要你有“多走几步路”的习惯，那么未来组织会给你丰厚的回报。

你又或许会担心，自己如果做了分外的事情，那不是侵入别人的领域了吗？实际上，我们所说的不分分内分外，是要培养自己的补位意识。就像踢足球一样，我们眼中要看的不仅仅是自己脚下的球，还要纵观全场，足球不在自己脚下的时候，我们就要学会观察，看哪个点需要自己，学会跑位，你就能够找到最好的位置。

工作当中总会有很多意料之外的事情，若是有意外发生，你能够想到别人没有想到的，有补位意识，那么你就能够第一时间站在前线解决问题，帮组织脱离险境是我们的责任和义务，同时也是我们的机会。

梁丽丽是办公室的一个“小跑堂”，之所以这样说，是因为她总是帮大家做各种各样的事情，平时她的工作其实只是传送、收发文件而已，但是拥有补位意识的她总是在公司出现一些无人料理的事情的时候能够顺利解决困境。

渐渐地，同事们意识到梁丽丽工作能力很强，于是就给了很多人偷懒的借口，工作推来推去，反正最后有梁丽丽解决。更神奇的是梁丽丽经手的事情从来没有出现过什么问题。于是同事们渐渐习惯了，时常会让梁丽丽去做一些本该自己做的工作，甚至让梁丽丽去见客户。

虽然同事们经常指派梁丽丽做不该她做的事情，但梁丽丽从来没有不满，她觉得这是锻炼和学习的机会，所以不管出了问题是不是她负责，她都尽心尽力把事情做到最好。就这样，梁丽丽努力工作的状态被老板看到了，老板非常欣赏梁丽丽这种工作劲头，于是梁丽丽的工作变得更繁忙了，不过接下来的工作也变得重要多了，老板见重要客户或者谈重要工作的时候都会带上梁丽丽，而梁丽丽也从来没有怨言，依旧努力工作，时常还替老板考虑一些老板没有注意到的问题。当公司上市的时候，梁丽丽的职位也发生了改变，成为了老板的助理，锻炼了几年后，老板又将她提升为高级管理人员。

有些时候，我们觉得机会总是不光顾自己，可实际上，机会就隐藏在我们平时的工作当中。“补位”就是一种对机会的把握，有疏漏的地方，往往就隐藏着我们需要的机会。只是很多人把工作范围划分得太明确，自己工作范围之外的事情不要说去做，就连看都不看，因为觉得那和自己没有关系，这种时候，机会溜走也就一点都不意外了。

组织是一艘大船，只看着自己眼前的“一亩三分地”是很难真正为组织做出贡献的。若想实现自己的人生理想，就要将自己的人生理想融入到组织当中，以主人翁的精神对组织尽忠，让组织发展的同时带动自己向前。

不拿组织一针一线

工作究竟是为了什么？可能很多人会觉得工作是为了利益。虽然想要通过工作获得利益无可厚非，但若是把利益看得太重，那我们极有可能会被利益所驱使，成为欲望的奴隶，在欲望和利益当中走入歧途，最终走上不归路。

如果你觉得没有那么严重，那么我们可以试想一下，一个利益至上的人，如果组织当中有某个漏洞会帮他得到利益，那么这个人会怎么做呢？答案并不难猜。俗话说得好，多行不义必自毙。若是在组织当中我们做不到洁身自好，那么不要说我们的前途，就连我们的人生都会被自己一点点毁掉。

在职场上总有这样的人，因为利益的驱使而有了一些不对的想法，而这些人往往能够为了利益找到一些损害组织的冠冕堂皇的借口，以使得自己的行为“合法化”，让自己不至于遭受良心的谴责，但是到了东窗事发的时候，能够醒悟的又有几人呢？也许有些人到了那个时候还存有侥幸心理，觉得自己只是运气不好而已。

作为职场人，我们应该有最起码的是非观。身在组织，我们得到的利益也必定应该是合理合法的，如果不是我们应得的利益，那么不管它有多么诱人，我们都应该拒绝。这是一个职场人必备的素质，也是对组织最起码的忠诚。否则，有什么比出了“内贼”更让组织受伤的呢？

排除组织中人的身份，我们既然是一个人，就应[illegible]立地，收受不义之财等同于小偷小摸，同样是为人们所不齿的。是我们的，我们就收下，不是我们的，说什么都不能去觊觎，只有这样，我们才能在社会中得到应有的尊重。

郑武公是春秋时期的郑国君主，他有两个儿子，按照当时的规矩，如果郑武公去世，当由长子继位。但是郑武公去世后，大儿子郑庄公并没有顺利登基，因为他的弟弟共叔段一直觊觎着王位，加上其母姜氏的支持，共叔段的势力范围不断扩大，一些原本不属于他的封地也在他的掌管之下了。虽然他并没有明目张胆地宣扬自己要夺取皇位，但明眼人都看出来他在准备王位之争。

效忠于郑庄公的祭仲知道这件事后，便对郑庄公说：“您还是赶紧做一些应对的措施吧，共叔段再继续扩张自己的势力，您怕是王位不保啊。”不过郑庄公并没有因为祭仲的话而感到恐慌，他说道：“多行不义必自毙，你等着看结果吧。”

果然，没过多久，共叔段就自取灭亡了。由于共叔段野心太大，所以他扩展的速度非常快，每到一个地方必定要修筑城池，屯田征兵，这样一来，民不聊生，怨声载道。郑庄公趁着共叔段攻打都城的时候，带领着对共叔段不满的人民，一举攻下了他的巢穴。共叔段兵败逃亡，最终在被追杀中自杀身亡。

野心可以说是我们前进的动力，但是，如果没有原则，不懂得抑制自己的欲望，那么我们就会被野心反噬，做出对不起组织的事情来。我们每个组织中人都是组织的主人，既然身为组织的主人，就要对组织负责，要忠于组织，只要是对组织有损害的事情我们就绝对不能去做，不管这件事情对我们有多大的好处。因为再大的好处也只是表面上的，我们损害了组织的利益，最终失去的一定比得到的多得多。

有些人认为，我为组织做了那么多，占那么一点点便宜有什么不对？想想看，组织是大家共同维系的船，你一个人占了点便宜觉得没什么，但是对这条船上的其他员工来说公平吗？大家努力维系船的平稳，只因为一个人做了损害组织的利益，使得大家受到牵连，这又是多么罪不可恕的事情啊！

老话常说，日防夜防家贼难防，我们身在组织的某个职位，在担负了某种责任的同时也得到了某种厚待，那就是组织的信任。如果组织不信任你，又怎么会委以重任呢？若是我们因为一点蝇头小利而辜负了这份信任，那么仔细想想，得到和失去的究竟孰轻孰重？

不因个人利益而背叛组织，更不会成为组织内部的硕鼠，这是一种基本的忠诚。人立于世，应该遵守最基本的原则，那就是顶天立地，无愧于他人的信任，但若是总觉得组织的便宜不占白不占，那么你失去的就不仅仅是组织的信任了，你已经失去了人格，失去了做人最起码的原则。

符合道义的利益才能长久。俗话说得好，君子爱财，取之有道，占了组织的便宜，得来的就是不义之财，这样的利益不可能长久，而且会因小失大。人活一世，不能只为欲望而活。梦想或许也是内心的一种欲望，但这种欲望是崇高的。

从组织的角度来讲，能够担当大任的自然是耐得住寂寞、经得住诱惑的人，如果你连组织的便宜都要占，又怎么可能经得住外界的诱惑，为组织着想呢？从这方面考量，不要说居高位了，就连待在组织里都难，毕竟没有哪个组织愿意在自己的领域里埋一枚炸弹的。

我们更不能存有侥幸心理，认为自己的所作所为没人知道，要知道，贪婪是无止境的，小时偷针，长大偷金，我们身在职场，想要获得发展，就应该有控制自己不被欲望驱使的能力，也只有控制得住自己，你才有可能在组织中走得更远。

张雯是一家国营单位后勤部的采购员。大学毕业之后张雯通过自己的努力进入了这家国营单位，虽然工资不怎么高，但待遇福利还是非常不错的。

刚开始，张雯觉得自己采购员这个位置非常重要，因为毕竟要经手很多东西，但是和另一个女孩一起采购一段时间后，张雯改变了想法。因为那个女孩通过自己的关系找到了一些物美价廉的东西，这样一来中间就能有一些差额，而这个差额自然就进了那个女孩的口袋。

虽然张雯觉得这样做不对，但是那个女孩回答得理所当然："你上市面上看一看，这东西是不是值那个价钱？我只不过是自己有渠道可以'进货'，这样一来是利用了我自己的关系，并没有让公司遭受什么损失啊？还比市面上便宜了一点点呢，只不过是我赚了点钱而已。"想来想去，张雯觉得这个女孩说得没错，于是慢慢地她也开始做类似的事情了，比如采购的时候找一些渠道买到便宜的东西，然后按照市价报上去，挣中间的差价。可是慢慢地张雯的贪欲越来越大，为了得到更多的差额，她开始采购假货，结果被公司查出来后被开除了。

张雯从决定背叛组织的那刻开始，结局似乎就已经注定了。其实另一个女孩所说的那些无非是占组织便宜的借口，貌似自己这样做没错，实际只是为了给自己的不忠找一个合理的解释。

我们是组织中的一员，为组织节省就是为自己节省。真正为组织着想就应该想着怎么帮组织创造价值，而不是怎么从组织中得到利益。利益至上，我们永远就是利益的奴隶。组织的利益就是我们的利益，所以我们不能从组织身上索取不该属于我们的，忠于组织，就要守护住组织的一切，而守护一切，就从我们做起。

从今天开始，不拿组织的一针一线，一切利益从组织本身出发。当我们真正将组织利益视作自己利益的那一天，我们也就真正成为组织主人的备选了。

第五章
精于维护，小心驶得万年船

再大的船也不能保证行驶万年，船能行驶多久关键在于我们怎样去维护它。组织亦是如此，发展只是一个目标，最根本的还是要学会维护、坚守。将这种责任划分到我们每个员工身上，我们就需要维护好自己的职责，做好工作，因为维护好自己，就是维护了组织。谨慎，着眼细节，才是制胜的根本。

细节决定成败

工作这件事对于不同的人而言，往往有着不同的含义，而看待工作的态度不同，工作时的状态也就不一样，所产生的结果自然有差别。对于一个事业心强的人，任何工作都必须做到尽善尽美，稍有不慎就可能会造成严重的结果，因此这样的人不管做什么工作都会非常认真、谨慎，丝毫不容马虎。付出多少往往就有多少回报，工作认真，自然不会有什么问题。

但是也有一些人在工作的时候能对付就对付，能敷衍就敷衍，那么认真做什么？不就是工作吗？出了问题再说出了问题的，反正一个组织里又不是只有自己一个人，出了问题总有人会去收拾的。如果有这种心态的话，那么工作对于这个人而言除了薪水之外就再也没有别的东西了。

认真不糊弄是工作最基本的状态，任何工作都应该执行到细节，有这种态度的人才可能在职场上混得风生水起，才可能在组织当中担当重任。其实任何复杂的工作都是由一个个的细节组成的。所以，不管工作的难易度，都认真做到全力以赴，你才能够在最短的时间内得到平稳的提升。

很多工作是由细节决定成败，就像是一块美玉，若是有了一点瑕疵，价值就大打折扣了。我们身在组织当中，都想尽快展现自己的能力，发展到自己理想的高度，所以即便我们身在基层，也不过是等待挖掘的璞玉，但若是我们工作总是想着差不多就行了，存在一点小瑕疵没有关系，那么我们的工作能力也就有了瑕疵，成为了不完美的玉石。

在工作当中，抱有侥幸心理，永远不可能把握住机会一飞冲天。如今是一个细节制胜的时代，在很多领域已经走到巅峰的时候，组织想要在激烈的竞争当中脱颖而出，就只能在细节上越来越精益求精，毕竟细节总是和大局联系在一起的，牵一发而动全身。从我们个人的角度来看更是如此，想要在组织当中最大地发挥自己的价值，就要和组织的目标保持一致，也就是说，我们也应该成为细节至上的员工。

只要是和工作联系在一起的事情，就没有大小事之分，任何一个细节都做到精益求精，以“强迫症”的态度去对待你的工作，那么你就会超越自我，从一个合格员工晋升为一个优秀员工。

任何一个组织，任何一项工作都没有简单到我们无须费心的，不管什么工作，只要你接受了，就应该全力以赴。不管是什么组织，只要你进去了就应该为其竭尽所能。毕竟工作注重的是结果，而我们注重的是过程。

在奥地利有一出著名的舞台剧，它之所以如此出名，全在于舞台剧的剧本考究，舞台设计美轮美奂，演员的服装精致华美，配乐恰到好处，而演员的演技更是让人如临其境一般。这出舞台剧进行巡演的时候，每到一个地方就会征服一大批的观众。

而这出舞台剧的制作班底并不出名，人们都不知道他们这么有能力，为什么还蛰伏了这么久。在对导演进行采访的时候，导演这样说道：“我们是一个由‘强迫症’组成的班底，你们觉得剧情跌宕起伏，看得有滋有味，实际上源于我们编剧的‘较真’，任何一个细节他都会反复看几次，尽可能做到环环相扣，没有冗余的情节，而衔接也必定合理，做出这样的一个剧本，他足足花了三年的时间。而我们的舞美设计更是如此，每一束灯光，每一个道具细节，他都要反复检查修改，尽可能呈现给大家最完美的舞台。至于演员更是如此，他们每个人都认真做到极致。其实我们也并没有多特别，只是把每个细节都做到位而已。”

当然，这段采访在有些人看来也只是一种谦虚的说法罢了，直到有一天一个观众想要和演员合影，人们才发现导演说的是事实。原来其中的一个扮演挑夫的演员总是背着一个很重的木架子，架子上还有货物。这个人演出时那种逼真的表情和状态让他的人气很高。合影的时候，这名观众想要背起这个演员在剧中的木架子，可是努力了很久都没有背起来。原来这个木架子是真的，木架子上沉重的货物也是真的！

观众不解地问道：“既然是演戏，为什么不制作一些相似的道具，而要背负这么沉重的实物呢？”

演员说道：“不背负着这份沉重，我就感受不到角色内心的沉重，也就演不好这个角色。我扮演的是一个角色，和道具没有什么关系。”

每一项工作都是真刀真枪地实干，没有演习，也没有道具。所以想要做好一份工作，就要付出自己全部的努力，把每个细节都做到位。就像那位导演所说的那样，想要把一件事做到极致，就要把每个细节还原完整，做到极致。

也许我们还没有经历过，但是很多人在职场上的成功都归功于对执行的一丝不苟，贯彻到底的精神。所谓小心驶得万年船，而细节，恰恰就是我们最应该小心的地方。古人云：“一屋不扫，何以扫天下？”工作的轻重缓急都离不开细节，小事不屑于去做，那么我们就无法成大事。

其实，工作和打扫是很相似的，只看大面，永远都不能做到尽善尽美，因为藏污纳垢的永远是角落。领导看我们是以小见大的，所以想要成就一番事业，在组织当中有一个理想的位置，那么就要把小事做到位，把小事当作突破口，进而让自己的事业发展起来。

李明宇和陆涛两个人是同宿舍的同学，毕业之后又同时进入了一家大企业工作。对于他们这种刚毕业的学生来说，一个能够提供食宿的公司是再理想不过的了，加上公司的发展前景也不错，两个人都决心要努力度过实习期留下来。

不过公司已经提前说了，要在实习期过后淘汰掉一部分员工，所以两个人都想要尽自己的努力把工作做到最好。上班的时候两个人从来不迟到，下班之后也是把加班当家常便饭。除了本职工作分外卖力之外，两个人还时常帮助同事整理办公室，干些脏活、累活也从来没有怨言。

经理看到他们这样感到很欣慰，所以除了工作上的讨论外，偶尔也会和他们一起去食堂吃午餐，或者到他们的宿舍里去做客，和他们聊天、交流。两个人的宿舍也和办公室一样，都非常干净，不过最终试用期过后，陆涛还是没有合格，被淘汰掉了。对此，陆涛感到非常奇怪，便问经理自己究竟哪里有不足。

经理说道："陆涛，你非常优秀，否则就不可能进入公司了。只是公司在招聘的时候也是百里挑一的，你的工作态度没有什么问题，只是我注意到你可能会比较马虎、粗心。比如咱们一起去食堂吃饭，你总是拿很多，最后剩下很多没有吃完；到你们宿舍去，离开的时候你总是不关灯、不关电脑。这些细微之处往往决定了你平时的状态，所以很抱歉，不是你不够优秀，只是对比之下李明宇更加优秀。"

在这个竞争激烈的环境当中，想要脱颖而出显然不能只是做好工作这么简单了，很多人都可以做得合格，要想脱颖而出，我们就必须做得更好，做到完美，而这一切，都需要我们把控好每个细节。

想要自己的事业尽善尽美，我们就要做好每一个细节，这样我们的工作经验才能完美无缺，才不会有任何污点。进入一个优秀的组织并不代表我们就能高枕无忧了，还要精心维护，让自己在组织中一直保持优秀，这才是我们的最终目标。

不要小看任何一个细节，对于会计来说，一个错误的小数点就能造成巨大的损失；对于航天人员来说，一个零件没有检查好就可能会面临着航天器坠毁的危险。注重细节，是我们义不容辞的责任，也是我们制胜的法宝，只有把小事做好了，我们才能有机会做大事，成就大业。

要记住，无论什么时候，细节都决定着成败！

准备越多，失算越小

清酒是日本的特产，而这种酒的出现源于一个偶然。那是一个小酒商创造的。有一天，他和酿酒的人发生了矛盾，酿酒的工人非常生气，于是就趁着没人的时候把火炉里的灰丢进了酒桶里。可是想想看，自己毁掉了别人的东西，一定会负责任，于是恐惧之下他就逃走了。

第二天酒商发现之后非常懊恼，但是他发现炉灰只是沉淀到了底层，上面的酒很清澈，他尝了一口觉得味道也非常好，于是就研究起了炉灰对酒的作用，最终发明了清酒。

对于很多人而言，这样的故事非常励志，好像成功全在于偶然的机遇垂青，我们之所以在职场上没能风生水起，显然是机会没有降临。但是仔细想想看，真的是这样吗？确实，因为偶然成功的案例有，但更多人在事业上的成功都是充分努力之后得来的，如果只想着等一个偶然的机会，也许到我们黯然退场那一天都等不到。

我们进入了一个组织，就有了一个发展的平台，但我们是否能够在这个平台展翅高飞，还在我们自己。组织前进了，我们自然跟着前进了，但又有几个人甘愿把自己的前途交给不确定的因素呢？真正聪明的员工会想着通过自己的努力把组织带动起来，而不是被动地等着它的发展。如果人人都等着组织带自己前进，而自己不想着前进，那么你在哪个组织都不会长久。

真正想要得到机会的垂青，我们就要时刻准备着机会的降临。否则当机会来临的时候再去起跑，那么我们就已经输在起跑线上了。在这个竞争激烈的时代当中，每个人看上去都在忙碌于应对眼前的工作，于是我们也有样学样，差不多就行了，如果还有余裕，那就享受生活，而且还有一种自豪感——看，别人忙于应对工作，我比别人能力强，还有余裕呢！

如果真的这样想，那么我们就被自己的懒惰蒙蔽了。如果我们的能力在完成本职工作后还有余裕，为什么不为下一个目标做做准备呢？这样在机会来临的时候我们才能第一个站出来，展现自己过人的能力。如果你的能力真的比身边的人强，那么你又为什么不努力一点，站得更高呢？

懒惰和侥幸心理磨灭了很多人的斗志，所以在职场上总是觉得高不成低不就，其实这只是因为我们忽略了一个最重要的准备环节。要知道，机会并不是我们登高望远的决定性因素，只是一个成功的补充，真正的关键因素还在于平时。

举例来说，你想升职，只是靠想，永远不可能实现，毕竟想要升职的人太多了。那么这就不可能实现了吗？当然不是，我们要学会了解组织会让什么样的人升职，然后不断磨炼自己，提升自己的相关能力，这样你才能有可能胜出。

十年磨一剑，成功的关键在于准备，准备工作做到位了，我们心里也就有了底，甚至可以预料到结果。对于那些面临工作和升职就像买彩票一样的人，自然不会明白为什么自己缺乏自信，因为什么都没做，什么都没有准备，所以无法给自己一个确定的答案。

工作没有乐趣，组织死气沉沉，如果有这种想法，那么毫无疑问，我们对于自己的工作和组织并没有了解很多，换句话说就是准备不充足。其实，很多时候要把一项工作做好并没有我们想象中那么难，之所以会觉得难，是因为感到很多事情措手不及，如果出现了这种情况，只能证明我们的准备工作做得不够充足，做好准备工作，很多工作都会变得简单起来。

福特汽车公司可以说是美国最大的汽车公司之一，但是这个历史悠久的公司也曾面临过一些困难。在20世纪中期，这个公司在没有做好市场调研的情况下盲目地推出了一款样式和性能都不错的新车，最关键的是这款车的价格也不贵，但是这款车并没有一炮打响，反而长时间销量不高。

一开始没有做市场调研，就是因为研发人员认为这款车太优秀了，没有被市场拒绝的理由，所以也就可以节省一个环节。但谁也没有想到结果竟然会是这样。一时间，经理们都开始绞尽脑汁想办法。

这时，一个叫艾柯卡的员工对这件事产生了兴趣，虽然他不是销售人员，但是经理因为这件事而愁眉不展的样子还是让艾柯卡留下了深刻的印象。于是他想了一个办法，反复思考并做好报告之后，他来到了经理的办公室，交上了自己的企划案。

虽然艾柯卡并不是销售部门的人员，甚至于只是一个见习工程师，但看他准备如此充分，经理还是看了他的企划案。艾柯卡的计划是推出一款广告，上面写着“花56美元买一辆56型福特”。

意思是想要买这款车，只要先付20%的定金，然后以每月56美元的方式按揭。这样一来很多人都注意到了这款汽车，并因为付费方式便利而纷纷购买。艾柯卡也因此得到了上司的赏识，经过不断努力后最终成为了福特公司的总裁。

艾柯卡做好了充足的准备，正是他的准备为他迎来了一个机会。有些人往往不是没有想法，而是有了想法盲目地行动，遇到了问题之后就觉得自己的想法错了，然后便选择放弃。其实在工作中很多时候我们都可以做得比我们想象的要好，工作也没有我们想象中那样难，有时候之所以觉得工作难以完成，中间问题多，说白了是我们没有做好准备工作。

就算不着眼于未来，单单看自己眼前的工作，不做好准备也是难以应对的。如果说什么样的工作最有成就感，或者说什么样的工作最让我们开心，那显然是中间没有任何疏漏的工作，进行顺利的工作，换一种说法就是一步到位的工作。

任何事情一次性做好能够减少许许多多后续的麻烦，也能提高我们的工作效率。而想要把事情一次性做好，就需要完成大量的准备工作，不打无准备之仗，才有信心应对各种各样突如其来的问题。

工作事前没有准备，那无异于一种冒险，谁都不知道接下来会发生些什么情况。如果盲目行动，那么很可能会在工作结束后花上比准备更多的时间和精力去补救。与其如此，我们不如在一开始就做好准备工作，力求接下来的工作都可以一步到位。

工作不是买彩票，付出和回报是成正比的，比起那些努力为工作做准备的人，我们若是无所事事等待着任务安排，那么我们自然不会有别人工作得那么顺风顺水。也就是说，任何工作准备越多，失算越小。

只是很多人都想着工作中出现问题的概率不高，所以不用特别担心，有问题总有弥补的办法。可是我们为什么一定要在工作当中那么被动呢？主动出击往往能够让我们占据有利位置，占据先机，若是事事等着过后去弥补，那么我们就只能永远被工作追着跑，更不要去想着升职加薪了。

做好准备工作，不仅是我们工作当中非常重要的一环，也是我们必备的工作步骤，不管做什么，提前准备就算中间出现了问题，也可能是我们提前预料到的，也能够第一时间找到解决的对策，这样看来，准备工作不仅仅不会浪费时间，还会帮我们节省时间，提高效率，更可贵的是能够避免我们因为疏漏而造成组织的损失。

这个竞争激烈的环境给组织的机会不会很多，同样地，组织能够给我们的机会也十分有限，若是想要在组织这条大船中担当重任，就要学会“笨鸟先飞”，万事比别人早一步，这样我们就能一直保持领先位置。毕竟工作也是需要我们努力去维护的。

“差不多”是差多少

“认真一点，领导在看着我呢！”或者“认真一点，这个项目很重要，领导要检查的。”这两种情况对于一些人而言并不陌生。工作嘛，总有轻重缓急，如果工作中总是绷着一根弦，那得多辛苦啊！能够偷懒的时候就稍微轻松一些，无伤大雅，大事上不掉链子不就行了吗？

有这种想法的人或许并不在少数，工作这件事，没人盯着就放松自在一点，差不多就行了；领导很重视或者在看着，那就要反复检查，做到精益求精。这样的做法或许在大事面前不会掉链子，但从组织整体以及个人未来发展上来说，这就是个大问题了。

我们为什么工作？又为了谁工作呢？我们工作确实会给组织创造利益，但说到底我们是在为自己的人生加码，我们在组织当中努力也是希望可以乘着组织这艘大船乘风破浪，到达胜利的彼岸。如果从这个方面来说的话，我们工作能对付就对付这种态度还正常吗？

有些人总觉得工作是领导分配给自己做的，而不是自己为了达到目标而做的，在这种消极心态的驱使下，自然不可能认真地去工作了。就像是我们想要为自己做什么的时候会付出全力，而不得不做的事情就有些不情不愿，更何况有些人时常觉得组织不是自己的，没有必要那样卖力。再说了，也不是不去做，只是没有做到极致，怎么说也差不多。

问题就在于差不多究竟是差多少。只要是差不多，就证明还有完善的空间，事情办得还不够完美，说不定在差不多的角落里就有损害整个组织的大问题。

工作认真严谨是我们的一种职业素质，可有些人总希望把事情完成之后可以得到一些额外的奖励。可是把本职工作做好不是你应当应分的吗？为什么我们不能带着责任感去工作，而总想着应付呢？

小心驶得万年船，越是没问题的地方我们越需要打起十二分的精神，把认真当成工作的基本原则，把完美当作工作的信仰，尽可能保证自己经手的工作没有疏漏，这样你才能够在组织当中获取更多的信任，得到更多的机会。

只是“人非圣贤，孰能无过”成为了越来越多人偷懒的借口，总觉得做到百分之百是不可能完成的任务，谁都是“差不多先生”或“差不多小姐”，如果抱着这种心态工作，那么你工作的结果不是差不多，而是“差很多”！

工作为什么不能做到百分之百呢？试想一下，如果设计汽车和飞机的人觉得差不多就行了，那么安全系数这种东西谁来保证？如果医生觉得工作差不多就行了，那么病人的生命又有谁来负责？我们工作的结果往往决定了我们接下来的走向，如果我们总是想着混日子，那么组织又为什么要养一个“蛀虫”？如果我们把事情做到极致，那么我们接下来是不是就能承担更加重要的工作了？

在工作方面谨慎小心德国人是出了名的，因此很多人在购买汽车的时候都愿意购买德系的汽车，因为他们注重每一个方面，如果其中有一点点缺陷，他们就会选择废弃而不是对付着面世，因为他们追求的不是差不多，而是完美。

你当然不会愿意这个不幸发生在你的身上，你要的是百分之百的安全系数。那么，我们换位思考一下，在产品质量上，你为什么不去想想如何做到“质量百分之百”呢？！

在众多汽车品牌当中，奔驰的市场占有率显然是很高的，而选择奔驰的人除了看重它所代表的档次和地位之外，更注重奔驰这个品牌的信誉。因为奔驰的质量是绝对没有问题的。之所以有这种保证，主要是靠奔驰对每个细节的谨慎检查，所以才有了高品质的汽车。

奔驰公司的负责人曾经说过，在奔驰公司，每一部车子的每个零件都会进行检查，哪怕是再细微的质量问题，也不会出现。虽然奔驰公司的很多零件也是由其他厂家进行生产的，但在检查的时候，只要一箱当中有一个零件不合格，整箱零件都将面临退货。

奔驰对员工是人性化的，但对产品质量绝对是“魔鬼化”的，只有这样的态度，才能杜绝低质量的产品流入市场。比起生产量，奔驰更注重生产质量。奔驰车的引擎在检查的时候有40多道程序，哪怕是油漆有点划痕，也需要返工。汽车的一个小螺丝也是经过反复检查后才组装的，在最后阶段，还有专门的技师进行整体的检查。

慢工出细活，可是人们往往急于求成，能凑合的地方就凑合，所以工作才总是漏洞百出，需要大量的时间进行返工处理。如果是这样的结果，我们为什么不能从一开始就拿出认真的态度来对待我们的工作呢？如果组织当中的每个人都认真工作，对每个环节都把控好，做到小心谨慎，那么组织也会变得安全很多。

想要成就一番事业，我们就不能丢掉态度，该用心的时候用心，该认真的时候认真。这样我们才能找到方法做对事，才能远离“差不多”。

卯木肇是20世纪70年代时期索尼公司的国际部部长。那时的索尼彩电风靡全国，唯独美国不买它的账，所以卯木肇在前往芝加哥任职时期，看到了索尼专卖店的惨淡景象，着实大吃一惊。

可是扭转一个地区对某种产品的固有印象并不是那么简单的事情，究竟要怎么办呢？卯木肇有一天看到牧童放牛后有了灵感。虽然有一大群牛，但牧童只要控制住头牛就可以带领整个牛群，卯木肇觉得要想改变索尼在美国的销售现状，也需要找一个“头牛”。

思来想去，卯木肇觉得芝加哥最大的电器零售商——马歇尔公司无疑是

“头牛”的第一备选，只是如何与马歇尔公司合作也是一个难题。卯木肇第一次去拜访的时候，经理的秘书以经理不在为理由拒绝了。第二天，卯木肇在一个经理应该比较清闲的时间上门，得到的答案仍旧是“经理不在”，于是卯木肇想到了也许经理根本不想见他，于是他决定拿出诚心，第三天他照常上门拜访，终于打动了经理，见了卯木肇。

卯木肇表明合作意向之后，经理首先表示了拒绝，理由是索尼因为销量不佳而降价销售的形象实在太差。卯木肇听后并没有反驳，而是回去后取消了降价销售，着手挽回产品形象，为了提升知名度，他还大幅度做了广告宣传。当这一切完成之后，卯木肇再次敲响了经理的大门，不过这次经理又找到了别的理由，他认为索尼的售后服务跟不上，这样的品牌无法销售。于是卯木肇又回去开始设立维修部，整顿售后部门。

卯木肇就是这样通过一点点的努力，最终让马歇尔公司的经理点了头，选择了与他合作，两个优秀品牌合作之后，短短的一个月时间里，索尼彩电就在当地卖出了700多台，随后的几年当中也一直有着不俗的销量，就此稳固了在美国地区的市场占有率。

工作的时候总能遇到一些简单的工作，自然也会有一些困难的工作。在困难的工作面前，有些人出于本能选择退缩，于是差不多努努力就行了，不是为了解决难题而去，更像是为了告诉别人“我努力过了，实在没办法”而行动，这样的态度又怎么可能使出全力呢?

工作只有好与坏，没有差不多，尽善尽美那是我们作为组织一员的天职，而差不多，不管差多少，哪怕只有一分一毫，那也是我们的失职。既然身在组织，那么我们就应该要尽全力，而不是“差不多”。

只有尽了全力，我们才有最大限度的提升，若是只想着差不多就好，那么我们与组织中的其他人相比，就永远“差很多”。

定期检修船舶，保持危机意识

在一片大森林当中生活着许多动物，有一天，狐狸路过看到野猪在磨牙，于是好奇地问道："你在做什么？"

"你没有看见吗？我在磨牙。"野猪说着也没有停止自己的"工作"。

狐狸又问道："你磨牙是为了做什么呢？"

"当然是为了对抗敌人了。"

"可是你的牙已经很锋利了呀！"

"再锋利也没有猎人的匕首锋利。"

"可是现在又没有猎人。"

"等猎人来了你还有磨牙的机会吗？"

故事的道理很简单，当危险来临之时，我们再去应对，往往失去了机会。所以不管生活怎么安逸，我们都不能缺乏危机意识。

人生如逆水行舟，不进则退。人生如是，职场亦如是。如今我们在职场上获得的一席之地，肯定是我们通过努力得来的，但得到并不代表拥有，组织能够给我们一个平台、一个发展空间和一种地位，但能不能守得住，还在于我们自己是否够努力。

或许一些人对自己身在某个职位感到满足，想要休息了，如果有这样的想法，那么无疑是最危险的，因为危机永远藏在安逸之下，不知继续努力，更加努力，说不定某一天就有个能力更加卓越的人替代自己。在竞争日益激烈的现在，每个人都像是马力十足的汽车，谁都想争上游，你若是身在上游不更加努力，很可能会被淘汰掉。和以往一样努力都稍显不足，懈怠就更不可能守住自己在组织的一切了。

时代是在进步的，组织也是在前进的，我们若想有所成就，那么就不能裹足不前，任何时候我们都要有危机感。在动物的世界当中，动物们都有着危机本能，比如非洲大草原上的斑马和狮子，看似都优哉游哉，但斑马在喝水的时候也竖着耳朵，因为它知道，稍微放下防备就有可能被狮子吃掉，因为自己放松不代表敌人放松。同样地，狮子也在戒备着，因为它稍有放松，说不定就有其他的肉食动物来攻占它的地盘。在这一点上，我们实在应该和动物多学习学习。

对于一些已经形成既定工作方式的人而言，以往的经验似乎占据了大多数，好像只要维持着如今的状态，就足够了，但若是组织当中每个人都这样想，那么组织也就不会有进步，自己也就停滞不前了，而周边的一切都在向前，停止前进就意味着后退。

想要有所成就，就不能被绑住，尤其惰性这种东西，在稳定的环境当中它就渐渐崭露头角了，它让人们放松、懈怠，变得不思进取，比起突破，更想要以最小的付出维持现状。可现实告诉我们这是不可能实现的，失去了危机意识，就意味着淘汰和事业的死亡。

古话说得好，人生于忧患而死于安乐，缺乏危机意识，出问题是迟早的事，也许眼前的一切暂时让你觉得满意，但是当危机来临之时，会将我们打入失败的深渊。未来是不可预测的，我们不可能靠运气在组织当中过活。保持危机意识，虽然不能避免危机，却能够保证在危机来临之时我们能够第一时间反应解决，把损失降到最低。

仔细看看组织中站在顶点的人，虽然他们站得够高，但是他们从未失去危机意识，不如说他们比别人的危机意识更强，因为他们站在制高点，更容易“被瞄准”，对于很多成功人士而言，再大的组织也都是如履薄冰的状态，稍有差池，就可能陷入万劫不复的境地。

而在中层乃至底层的员工更是如此，失去了危机意识，在能人辈出，各个力争上游的时代里更是如履薄冰了。组织的领导人若是失去了危机意识，组织会面临死亡，而身在组织当中的我们若是失去了危机意识，那么会直接影响到组织的未来，对自己更是不利。

安迪·格罗夫是英特尔公司的领头人，他一手创造了信息产业的奇迹，任谁看来他都是一个天之骄子，但其中的艰难只有安迪本人清楚。英特尔公司在他的带领下蒸蒸日上，人们都认为安迪坐上这个位置无疑是人生的保证。但安迪在功成身退之后，才告诉大家，为了让企业存活下去，他几乎时时都处于危机感当中，而他也认为英特尔之所以能够存活，正是因为他的危机意识。

英特尔公司成立之初，安迪是研发部门的一名员工，成为公司总裁之后，他并没有满足于自己的现状，而是马上开始了对企业的整改，他曾经说过要在一年当中抢下摩托罗拉的2000名客户。而事实证明这并不是大话，因为一年过后，英特尔赢得了2500名客户。而安迪之所以这样做，完全是因为危机意识所致。他明白，如果自己满足于英特尔这条大船给自己的位置，从此安然度日，那么英特尔在市场上的占有率很可能会渐渐被其他企业所替代，毕竟竞争一直存在。

后来经济形势恶化，不仅仅英特尔，所有的企业几乎都受到了影响，但安迪还是第一时间告诉大家，必须发挥更高的效率，这样才能抵制日本这个新兴的信息强国对美国的市场侵蚀。为了帮公司渡过眼前的困境，安迪放弃了存储器业务，专注于做微处理器，使得公司最后逃过了劫难。也使得英特尔在20世纪末成为了世界最大的半导体企业。这个转变让英特尔渐渐成为了计算机市场的领头人。

不过危机从未消失过，1994年的时候，因为研发的一个芯片出现了缺陷，英特尔公司再度陷入了危机，一些公司宣布停产这种芯片的计算机，在这种关键时刻，安迪又第一时间作出决定——更换所有芯片，改进芯片设计。就这样，英特尔在变幻莫测的市场经济中一次次地存活下来，并日益壮大。

如今的英特尔显然已经在处理器市场中独大了，可安迪并没有就此满足，他仍旧带领着企业不断研发新产品，以保证英特尔在市场中的占有率和地位。而他说过的“只有恐惧、危机感强烈的人，才能生存下去”也成为了英特尔的企业文化之一。

恐惧，是一种不良的心态，但居安思危是我们不得不有的一种态度。因为危机感，我们才能时刻保持警惕，在危机来临的时候有所准备，并第一时间解决。因为危机感，我们才能全力以赴，保持理性思考。

时间不是静止的，一切自然不会一成不变。像英特尔这样的大公司领导人都时刻保持着危机意识，我们又怎么能够说自己已经做得足够好，不需要努力了呢？再大的公司也从来没有从危机中脱离过，我们所在的组织亦是如此，我们亦是如此。想要从危机感当中脱身，那么我们就会深陷其中。

有些人视危机感如洪水猛兽，难道危机感就不能消失吗？时刻紧绷着，难道我们就不会因此而崩溃吗？如果你眼中的危机感是这样的，那么你就还需成长的空间。想想看，我们什么时候第一次产生危机感？显然，危机感存在于竞争之中，每个人在孩童时代都不知道危险是什么，而有了竞争，产生危机感之后，就是我们成长的一个信号。

危机感并没有我们想象中那样可怕，不如说我们身在职场一天，危机就一直存在着，关键在于我们能不能认识到这一点。鲶鱼效应我们都不陌生。渔民捕捉沙丁鱼之后，如果直接放到箱子里，沙丁鱼会在回程中大量死去，但若是里面放入一条沙丁鱼的天敌——鲶鱼，那么沙丁鱼就会因为危机感而努力活下去。

没有竞争是不可能的，我们只能没有危机感，但失去了危机感，我们就失去了事业心，自然不会有所谓的事业了。组织更是如此，如果组织中的人们每个人都没有危机感，那么组织就如同一潭死水，毫无活力可言。

所以，不管是从我们个人的角度还是为组织着想的角度出发，我们都应该时刻保持危机感，越是稳定的环境，我们越要定期检查我们的“船”。让组织在社会中不可或缺，而我们在组织当中不可或缺。

我的船我“当家”，能省则省

在进入职场之前，我们应该很早就接受过勤俭节约的教育了，资源是我们最宝贵的财富，而勤俭节约更是人类的一种美德。可是有些人把“勤俭节约”当成持家的范本，在组织当中勤俭节约就被抛诸脑后了。

组织这艘大船能够培养那么多人，为什么我们要把精力投入到节约这件事上来呢？努力创造效益不就是对组织最大的回报了吗？想要为组织付出，应该努力为组织增收，而不是在组织内部想办法不是吗？

为组织创造最大的利益是没错的，但是节俭这件事我们也不能忽视。对于组织来说，任何资源的节省都是对成本的有效控制，成本低了，组织的利益自然就高了。在家我们也懂得节约，为什么到了组织当中我们就摒弃了自己的原则呢？真正把组织当成自己的家，就应该把组织当成家一样去维护，开源节流同等重要。

节约除了对组织有好处之外，对我们自身也同等重要，而且节约这件事不仅仅是需要领导去考虑的，组织当中的每个员工都有义务去做这件事情，只有所有人都懂得为组织节约，精打细算，节省才能成为组织文化的一部分。一个人去做或许收效甚微，但是在你节俭的同时也会影响周围的同事，慢慢就能影响整个组织，领导也会因此而看到你对组织的真心，也会赋予你更多的责任和重要的事务。

由此看来，我们不管身在管理层还是基层，都应该时刻告诉自己，能够节省的就要节省，为组织控制成本也是当仁不让的任务。如果组织能够降低成本的话，那么惠及的就是每一个员工，组织也会具有更大的竞争力。

为组织创造效益很重要，节省成本同样重要。任何一个组织的领导者都肯定具备成本的概念，毕竟组织的一草一木都是努力创造出来的，能够节省就节省。身为员工的我们，想要为领导者分忧解难，就要培养自己的成本概念，不要把浪费当成习惯。领导倡导节省，我们就要相应号召，领导没有提出这一点，我们也不能浪费组织的一点资源。毕竟组织是我们的另一个家。

陈琦和李可两个人在大学时期就是优等生，毕业之后，陈琦进入了一家规模比较大的私企工作，而李可则进入了国企。陈琦家庭条件非常优越，所以习惯了大手大脚花钱的日子，从来没有学习过精打细算，可是到了公司之后，她就认识到了自己的错误。

有一天，陈琦打印了一份内部开会讨论需要的资料文件。开会的时候陈琦侃侃而谈，她非常有自信经理会喜欢她的企划，因为每个步骤她都检查再三，而且这个企划绝对能够给公司带来不小的收益。可是陈琦发现经理翻来覆去地看她的文件，眉头还皱了起来。但经理并没有对她的企划表示反对。

开会结束后，陈琦找到经理，问经理企划是不是有哪里不够完美，经理说道：“陈琦，你的企划内容非常完美，只是如果用打印过一次的纸张来做企划的话，这份企划真的就完美无缺了。”

陈琦这才意识到，经理皱眉头的原因是自己用了全新的打印纸来做这件事。回去后陈琦开始反省自己，并在之后的日子里学会了节俭，这让经理非常满意，加上陈琦工作出色，很快就升了职。

陈琦和李可聚会的时候，说起了这件事，还真心地告诉李可："要想在公司长久地发展，就要注重每个细节，在领导眼里，最糟糕的不是工作能力不够，而是不懂得为公司着想，随意浪费。"

不过李可并没有把好友的话当回事，她反而炫耀般地说道："私企的老板就是这样，小气得不行。还是国企好一些，哪有人管这种事啊！告诉你吧，我周末经常把加班当借口，到公司去'蹭'空调，反正国企那么大，谁会在乎这一点点啊！我只要是出门办事，从来都不坐公交，直接打车，反正你给公司省这么一点，公司也不会因此对你感恩戴德。"

"你可不能这么想，不管是国企还是私企，领导个人肯定都非常节俭，你如果大肆浪费，一定会出问题的。"陈琦还是劝解道，但李可完全不当回事，最终两人不欢而散了。没过多久，果然，李可因为铺张浪费而被开除了。

中饱私囊是任何职场人都鄙视的行为，从某种角度来说，浪费也是中饱私囊的一种。想想看，出差的时候要住好的酒店，出门要打车，吃饭也要吃贵的，这些都是我们私人的享受，并没有给组织创造什么效益，利用组织的资源满足了自己的私欲，不是中饱私囊又是什么呢？没有任何一个组织会喜欢这样的员工，所以不论从组织发展来看还是个人前途来看，我们都要学会节俭，不能省的没有办法，但是能够节省的就一定不能浪费。

节省这件事有很多方面，想要一一列举出来实在很难，那么我们要怎样做才能做到节省呢？其实很简单，我们只需要审视自己有没有铺张浪费的行为，是否真的把组织当成自己的家那样去维护，答案就显而易见了。

有些人办公用品耗费得非常厉害，笔和本子随手放，过后找不到就去后勤领新的，反正这是办公需要，但实际上这不是一种浪费行为吗？我们自家的东西如果丢了，第一反应肯定去找，而不是直接买新的不是吗？为什么到了组织中这种行为就可以被原谅了呢？我们不能总是打着为了工作的幌子去浪费，就算是组织的资源，也是分配给我们个人管理的，所以我们有义务维护好自己所用的东西，笔记本电脑也应该轻拿轻放，把这些当成自己的资产，我们才能够真心去维护它。

想要成为组织当中合格的一员，我们就得学会站在领导的角度去思考问题，把组织当成自己的所有物那样去真心维护，这样你才算是一个合格的员工，才能有晋升的空间。毕竟没有哪个领导会喜欢挥霍浪费的员工。

沃尔玛是全球最大的零售企业，之所以能够走到这一步，全在于它的主要优势——薄利多销。薄利对于任何一个企业来说都不是容易办到的，毕竟利润才是企业生存发展的根本。所以沃尔玛另一个主要的特点就是削减开支，通过控制成本来达成利益最大化。

可以说节俭是沃尔玛的企业文化之一，为了能够发展企业，沃尔玛不惜任何代价去降低成本，这样产品的价格就偏低，物美价廉的产品在市场上的竞争优势不言而喻。另一方面，沃尔玛的服务也是非常到位的，它保证了顾客用最少的钱获得相对多的服务，这种让利行为让沃尔玛的客人如潮水般。

控制成本说起来简单，沃尔玛将其运用到了企业的所有环节当中，通过仓储式的经营将管理费用降到最低，通过配送中心和同学设备支持降低了商品成本。这样顾客才能得到最大的优惠，顾客才能源源不断，而薄利多销自然也能帮它创造巨大的收益。

只要我们身在组织当中，哪怕是一针一线，都是组织的，我们就没有浪费的资本。就像沃尔玛运营形式那样，想要获得最大的利益，就要学会控制成本。现如今，就连国家领导人都反对铺张浪费了，我们又有什么理由在组织当中挥霍不属于自己的资源呢？

想要在组织生存下去，让组织带领自己越走越远，那么我们就要真心为组织着想，落实到每个细节，开源节流，在这样的精心维护下，组织这条大船才能安然行驶。

把每一件小事当成要事

老子说过："天下难事，必做于易；天下大事，必做于细。"意思是想要解决难题，就要学会解决简单的问题；想要成就一番伟业，就需要懂得从细微之处入手。这也就告诫我们，不管我们的目标和理想有多么远大，想要达成目标，都需要先做好自己的本职工作，想要做好自己的本职工作，就要把所有的事务当成重要的事业去完成。

只是，如此简单的道理有太多的人不懂了。有些人觉得工作总要分轻重缓急，重要的事情自然要认真做，那些杂七杂八的小事随便做一做就可以了，反正也不会动摇整个组织的发展。但是千里之堤溃于蚁穴，任何一点小小的纰漏都可能酿成大祸。就算小错真的无伤大雅，但它出现了自然会影响接下来的工作，也会让你显得工作能力低下——看，最简单的事情都做不好，有什么资格担当大任?

所以在工作中，认真完成每一步是我们义不容辞的责任。我们眼中所谓的小事，并不代表不会发展成大事，如果我们没有做好，那么到我们认识到它重要性的那一刻，一切都晚了。就像我们升职一样，没有人能够没有任何经验就一下成为组织的领导者，大家基本都是从基层做起的，工作也是如此，做好了小事，才能慢慢去做大事，小事不屑于去做，在别人眼中只能证明我们连做好小事的能力都没有，这样自然不可能有做大事的机会。所以不管我们能力如何，都要认真对待每一项工作，即便它很简单。

不要总是觉得组织委屈了自己，芸芸众生能做大事的实在太少，多数人的多数情况总还只能做一些具体的事、琐碎的事、单调的事，也许过于平淡，也许鸡毛蒜皮，但这就是工作，是生活，是成就大事不可缺少的基础。

有一个企业家，在回忆自己创业史的时候，他讲到了自己的艰辛。

在企业家16岁的那一年，他花了自己所有的积蓄开了一家米店。因为资金不够，所以他只能把店址选在一条偏僻的巷子当中。因为巷子很深，所以进来的人不多，自然也就没有几个人能够看到他的米店。再加上他的店规模不大，整个县里的米店有几十家，所以企业家很是着急。

不过他并没有因此绝望，而是开始积极地想办法解决问题。一开始他想到了上门推销，但效果并不理想，于是他又开始考虑怎么创立属于自己的特色。想来想去，他都觉得从大方向上没有什么可做的，只有从细节入手了。他找来自己的弟弟做帮手，把所有米当中的杂物都除去，这样一来同等价位的米他的米就有了优势，这样一来，很多人都开始光顾他的米店了。

但他并没有因此就满足了，在顾客上门买米的时候他发现有很多腿脚不便的老年人，于是他就主动送货上门，而且还会在送过米之后将那家人米缸的容积和人口以及饭量记下来，这样一来，他就会大概估算出这家人下次买米的时间。到了这家人该买米的时候，不用人家来通知，他就主动送适量的米过去。而且在帮人家把米放入米缸的时候，他还会将对方没有吃完的米放到上面，这样一来陈米就不会变质了。而且一些家庭经济困难，他就会先送米过去，等对方宽裕了再收米钱。

就是这样一点点的小事，让他的生意渐渐做大起来，而采访的时候人们在夸赞他的时候，这名企业家总是说道："我的事业再大，也不过是一件件小事的组合罢了。"

其实事实就像企业家说的那样，再大的事业也是无数小事的结合。对于很多人而言，工作就是无数小事的集合，似乎并没有做大事的机会。其实，我们如果能够脚踏实地地做好自己的工作，不贪大事，任何事情都认真负责，那么你才有担当大任的态度。

可以说小事是进入组织的敲门砖，任何一个员工想要进入组织都要从小事做起。对于组织领导者而言，在最小的事上忠心，在大事上也忠心；在最小的事上不义，在大事上也不义。也就是说，是否能够做好小事，也是我们的一张考卷，通过了我们便有了更多的机会，没有通过，那么我们也许连做小事的机会都会失去。

一个员工的优秀与否不在于他做的事情大小，而在他对事情的态度，态度认真，那么不管什么事情都可以信任；小事马马虎虎，大事必定也会有所疏漏，毕竟所谓的大事就是无数小事的组成。因此，我们要认真做对每一件事情，这才是我们工作应该抱有的正确态度。

产品我们看中质量，而态度则决定了我们的质量。或许我们觉得我们的工作有很多看似无用的杂事，但是这些事情都是环环相扣的，牵一发而动全身。如果每个员工都不在乎小事，那么组织的根基必定也会动摇，到时候出问题的就是整个组织了。组织不安全，我们也就没有了容身之处。

曾经有一起海难事故，这起事故发生于海况极好的情况下，当人们进行调查的时候，发现这艘轮船之所以遇难，21名船员葬身大海，只是因为每个人犯了一点点错误！一名水手买了台灯，这个台灯底座很轻，因为在摇晃的船上，所以这个台灯引起了火灾。而火灾发生之前，有很多补救的措施，但是每个人都犯了一点点错误，比如检查救生筏的人发现了问题，没有及时解决，有人发现消防栓出现了锈蚀的问题，也没有及时解决。当火灾发生的时候，所有应该在自己职位上的人都觉得没有什么危险，于是聚会聚餐……当灾难发生的时候，一切为时已晚了，整整21条生命，就在狂欢过后逝去了。

在组织这条大船上也是一样，工作中容不得一点点的疏忽，你的小疏忽可能就会造成大问题。同样地，你做了一点点小事，也可能像彼岸蝴蝶扇动翅膀那样，影响整个组织。

牙刷对于一个人有多重要？有些人觉得这不过是生活用品罢了，但它却是加藤信三的事业。加藤信三是狮王牙刷的董事长，在没有带领这个组织的时候，他只是一名牙刷公司的普通员工。那时他的工作枯燥又无趣。

有一天早上，加藤在刷牙的时候因为匆忙而导致了牙龈出血。本来工作就已经很烦心了，连刷个牙都不顺利。想到这儿，加藤更是生气恼火。到了公司之后，他选择暂时不去想这件事，做好自己的工作。剩下的时间里，他就和自己的同事讨论牙刷导致牙龈出血的问题，没想到一呼百应，原来每个人都因为刷牙而牙龈出血过。

而且每个人都试过了一些方法，比如用热水浸泡牙刷，或是用牙膏，研发部的人甚至表示他曾试着用狸毛来做牙刷毛，可是效果都不太好。这个问题讨论到最后，大家开始研究起牙刷来。可是一个小小的牙刷看不出什么与众不同，于是人们想到将牙刷放到放大镜下观察。观察过后果然发现了问题，原来牙刷毛的顶端是四方形的，有棱角自然容易划伤脆弱的口腔皮肤。

于是加藤想出了将牙刷毛头部改成圆形的想法，就这样，改进之后的狮王牙刷销量剧增，而加藤也因此升了职。

牙刷不好用，在我们看来都是司空见惯的小事，因此很少有人想办法去解决这个问题，机遇也就从身边溜走了。加藤信三不仅发现了这个小问题，而且对小问题进行细致的分析，从而使自己和公司都取得了成功。

牙刷，再普通不过的日常用品了，牙龈出血，也不是什么大事，但是能够着眼于小事的人，往往带着一种钻研精神，拥有这种精神，自然没有什么事情能够难倒他。在工作中，我们也应当带着钻研的态度去对待，不管工作难易大小，都付出百分之百的努力，这样我们才能把工作做好，才能有好工作去做。

空有远大的抱负，却没有醉心于小事的态度，是不可能有所成就的。无论什么时候，我们都要知道，做不好小事，难成大事。

第六章
服从船长，高效源于执行

我们每个人都是组织的主人，但真正做最终决定的往往只有一个人，就像在船上一样，是船长将大家团结在了一起。而我们身在组织，不管是从自身发展还是从组织前景来想，服从，都是我们融入组织，走向未来的第一步！

在船上，船长的命令高于一切

在众多的职业当中，军人往往是被人们尊崇的，不仅仅因为军人们拥有强健的体魄，更因为他们说一不二的作风，即便人们没有身在军营当中，也知道军人们守着铁一般的纪律。在某部电影当中曾有这样一个桥段——军队的领导者站在一群军人面前，声音洪亮地说道：“来到这里，你们只需要遵守三点，第一点是服从，第二点是完全服从，第三点是绝对服从。”

在观影者眼中，这样的纪律或许有些不近人情，这岂不是要求人们放弃自我，当机器人了？但电影的结尾却让我们不得不承认，这样的铁律确实能够让一个团队迅速成长起来，在最关键的时刻发挥最大的作用。

延伸到我们的生活中其实也是一样。我们都听说过“军事化管理”这样的概念，显而易见的，就是按照军人的行事风格和纪律来管理团队，事实上这样的团队往往是团结而高效的。随着时代的发展，现在更多的组织选择“人性化管理”，也就是说以人为本，从员工的角度出发去制定管理制度，为的是让员工能够有一个轻松而愉悦的工作环境。那么是不是说环境改变了，就不需要我们像军人那样去服从了呢？

事实上，从组织的角度去考虑，不管什么时候，组织需要的都是具有较高执行力的员工，而执行这种行为来源于遵从上级的命令。每个组织都会有领导者，而领导者存在的意义就是管理组织当中的每个成员。如果领导者的命令员工不去服从的话，那么领导者还有什么意义呢？也就是说，人性化管理是为员工谋福利，而并非不需要员工服从命令。既然组织愿意退一步来为员工着想，我们又为何不能谨守自己的本分，服从领导的命令呢？

不管大环境或者小环境怎样，领导者身边的左膀右臂都一定是一个命令高于一切的员工。因为服从，才能准确无误地去执行，才能节省时间，提高效率，让整个团队和谐地运作起来。组织是一个团体，如果每个人都坚持自己的看法，不断发表自己的见解，那么行动又得拖延到何时呢？

我们身在职场，就必须明白一点，领导者看的是整个组织，看的是未来，我们没有在领导者的位置上，就不见得我们比领导者更加睿智，所以当领导者下达命令的时候，即便我们有质疑，也要去遵守，因为执行领导者的命令是我们义不容辞的责任。

当领导发出命令的时候如果我们以怀疑的态度、拒绝的态度去对待，那么就是一种自作聪明的愚蠢行为。要想让组织乘风破浪，一味和领导站在对立面，以“叫板”的态度去对待领导的一些命令，那么只能阻碍组织的发展，也阻碍了自己的前途，真正的聪明人要明白，命令，是高于一切的！

弗雷德·史密斯是联邦快递的创始人，但在他创办联邦快递之前，曾经在军营当中度过了3年的岁月。在他回忆军旅往事的时候，曾提起过一件事。

那是他的一位当时的上司。当时的弗雷德是排长，位居他之上的海军步枪连长有一次去他们那里参观，弗雷德自然要陪同，顺便介绍他们的防护工事，等等。视察结束之后，已经是晚上了，这名连长摘下戴了一天的手套交给了身边的警卫员，交代道：“把我的手套洗一洗，明天我还要戴。”说完不等回话就直接回自己的帐篷了。

弗雷德不禁在心里替这个士兵感到难过，因为他们的排驻扎在海边，而且当时天气并不晴朗，空气湿度非常大，晚上洗手套第二天根本不可能干。弗雷德也只能在心里为这个士兵祈祷，但愿他第二天不会因为此事被骂得很惨。

但让弗雷德没有想到的是，第二天连长刚出帐篷，等待在那儿的警卫员就马上把干干净净的手套交出去了。原来，在连长下达命令之后，警卫员一丝犹豫和考虑都没有，就马上将手套清洗了，然后将手套拧干挂在树枝上，为了保证手套能够快一点干燥，他不停地用扇子扇风，甚至将手套放在自己身上，用体温来加快水分的蒸发。就这样，经过了一个晚上的努力，在见到连长之前，他终于将任务圆满地完成了。

当然，这是弗雷德好奇的事情，连长并没有问这名士兵是如何做到的，只是说了一句："干得好！"弗雷德事后忍不住好奇心问过这个士兵："这个任务就算完不成也不是那么罪无可恕，你是怎么想的才能一晚上不睡觉把手套弄干呢？"

"长官，我只是完成了服从命令的任务而已。"警卫员答道。

在人们越来越习惯于给自己完不成任务找借口的现在，故事中的警卫员实在是人才当中的佼佼者，也是任何组织当中领导者都想招揽麾下的精英人才。能力暂且不论，单说这不问事由，不计一切代价完成命令的态度，就值得我们学习、称赞。

其实，我们对领导的命令持什么样的态度，往往也让领导对我们有了一种认识。领导下达命令非要刨根问底，还要不断反驳，那就是对领导能力的一种质疑，对领导权威的一种挑战。我们不是组织领导者，我们能够做的也非常有限，在领导的位置上，自然有他的考虑，如果事事都需要跟我们交代清楚，事事都需要"申请"，那么层次颠倒不说，还会直接影响了办事的效率。

试想一下，如果故事中的警卫员在接到命令之后一个劲儿地狡辩，说自己完不成，或是质疑领导的这个命令，那么领导者会不会感到烦躁？领导者需要从全局考虑，他总有忙不完的大事，那是为整个组织负责的，若是连一件小事都需要跟下属交代解释清楚，那还不如领导自己去做。

因此，我们需要做的就是服从上级的命令。当上级下达命令之后，不要只是想着任务有多么艰巨，或者是这个任务有没有做的必要，我们都要让行动先于我们的思考。办法总比困难多，任务难度系数大要怎么解决那也是我们应该考虑的问题，而不是领导应该去考虑的问题，所以我们只要执行就够了。当然，你的付出不会白费，只要你诚恳顺从的态度被领导认识到，那么未来摆在你面前的必然是坦途。

对与不对，只是我们个人的看法，在没有看到结果之前，谁都不能轻易断定其结果与性质，既然我们不能为整个组织负责，那么我们就要学会听从领导的命令，对自己的执行力负责。

因为不管什么时候，在组织这条大船上，首先要学会的便是服从。

主动执行，别等领导去督促

现在很多职场人都进入了一个误区，那就是组织总是在剥削我们，时时刻刻都为了自身的发展而压榨我们，总是给我们各种各样的任务去做。从另一个方面来看，组织需要的并不是我们，而是听命而行的机器人，所以我们只要做组织的傀儡，让干什么干什么就可以了。

这是一个偌大的误区，而这么想的人通常在职场上都没有什么出色的表现。越是前途无望越觉得是组织阻碍了自己，最终走进牛角尖。而那些聪明的员工永远明白一点，就是在个人发展方面，组织远没有我们这么迫切！我们能够奋斗的时间其实非常有限，组织所做的就是给我们提供一个可供发展的平台，也就是说发展的速度实际上是由我们自己把控的。你迫切一些，那么进步就快一些，你拖拖拉拉不着急，那么最终组织会放弃你。

实际上，当领导布置给我们任务的时候我们应该庆幸，因为那至少证明我们对组织还是有用的，但任何领导都是本着培养人才的目标来对待员工的，所以我们除了等待指令、马上去执行之外，还要迫切地去主动执行，主动要求进步，这才是领导所看重的。

实际上，很多时候领导派发给我们任务都不仅仅是为了完成一项工作，还会通过这项工作来评断我们的能力、潜力以及工作态度。这个时候我们的表现就尤其重要了，任何一个领导都会喜欢善解人意、积极主动的员工，如果我们能够主动去完成任务，那么一定能够得到领导更多的重视和栽培，反之，如果我们事事等着领导去督促才在不得已的情况下完成，那么我们在组织当中的机会也就到此为止了。

如果你是领导，手下的员工事事都需要你去安排、督促，即便这样的员工能力再高，你也不会愿意去重用，因为牵着不走，打着倒退的员工注定不会有什么大出息。任何一个领导对员工的期待都像《员工的中期期望》中所写的那样："亲爱的员工，我们之所以聘用你，是因为你能满足我们一些紧迫的需求。如果没有你也能顺利满足要求，我们就不必费这个劲了。但是，我们深信需要有一个拥有你那样的技能和经验的人，并且认为你正是帮助我们实现目标的最佳人选，于是，我们给了你这个职位，而你欣然接受了。谢谢！"

这也就是说，在我们接受了一份工作之后，就理应要满足组织的需求，而进步，无论从我们个人还是从组织而言，都是非常有必要的。而进步的最直观表现就是我们要做非常需要做的事情，而不是等着别人要求我们来做。从领导的角度来看，一个优秀员工的标准就是能够通过自己的判断和努力，不等着领导的吩咐就把该做的事情做好。

小楠和小波在大四的时候进入了同一家酒店的餐饮部，成为了实习大军当中的一员。到了大四之后，很多人都开始为自己毕业后的生活筹谋开了，小楠和小波也不例外。不过小波认为实习不过是一个形式，自己需要的是酒店开出的实习合格证明。所以在工作中虽然她没有对顾客不管不问，但做事总是不那么积极，主管不出声她就当没自己的事。

与其相比，小楠就不一样了，她是真的把实习当成了自己的一份工作，每天都努力和前辈学习，做事也非常积极主动。

有一天，一位顾客来到了她们工作的酒店，点完菜后，这名顾客收到了一个信息，然后就着急地左顾右盼。小波看到后就习惯性地转移了视线，直到顾客招呼她她才不情不愿地上前。

“不好意思，我刚刚点了菜，但现在我有事要离开，你能不能帮我看看我的饭菜有没有做。如果没有做的话我就退了。”顾客礼貌地说道。

小波听后点了点头，然后走到了工作台，装模作样地拿起电话，似乎是在与后厨取得联系，但事实上她根本就没有拨通电话。然后她走过来，说道：“不好意思，饭菜已经做上了。”顾客听后有些不知所措，因为事情紧急需要马上去做。而小波则毫不关心地站在一边，似乎是义务性地站在那里。

这时刚办完事走到服务台的小楠看到了顾客焦急的样子，于是上来询问：“先生，请问您有什么需要帮助的吗？”顾客马上把眼前的问题说了。小楠想了想，说道：“先生不好意思，如果后厨已经开始做了就没办法退了。您既然住在我们酒店，那么我们可以把您点的餐给您留起来，等您办完事之后可以给您回炉热一热，不过点过的餐需要先付款，您看这样行吗？”

顾客非常感谢地点了点头，便去前台付账了。后来，当顾客办完事之后已经是深夜了。白天没有吃饭的顾客饥肠辘辘，但想到此时厨房早就应该下班了。可是没想到的是小楠一直在等顾客回来，还通知后厨留一个人值班。见顾客来了之后，就马上通知后厨热菜。顾客非常感动，便写了一封表扬信。

后来，小楠和小波毕业了，小波拿着酒店开出的实习证明开始投入找工作大潮，而小楠则由于表现优秀，被酒店留了下来。

没有什么成功会白白降临，成功都需要我们去争取，如果我们总是等着领导的安排，总是等到最后一刻再去做，那么我们就已经错过了成功的先机。聪明的人就像小楠那样，自主自发地去工作，相较之下，等着机会的人失去了先机，主动出击的人自然就占了先机。

每个领导都会对自己的员工有所期待，而我们不能把达成领导的期待当成最高目标，认为自己达成了领导的期待那是组织“赚到了”。我们既然接受了工作，那么达成领导的期待自然是应当应分的事情，超出领导的预期，那才是我们成功的通行证。

想要得到领导的重视，那么我们就不该通过让领导一再督促而寻求存在感，我们要主动出色地完成工作，以此来吸引领导的目光。我们对前途有所要求，就要付出相应的努力，宁可多做一点点，也别少做那一点点。对自己的要求严格一些，那么未来我们的前途也就光明一些。

小杰有一次跟随营销部出差参加了国际产品展示会。出差是很辛苦的事情，尤其是参加展会，很多产品需要设计摆放，这是产品给予参观者最直观的印象。除了产品本身之外，还要对展位进行布置，甚至还要印刷一些宣传册。

不过很多员工都像是拖延，主管不说就不干，甚至说了也不快点干，到了晚上还没有做完也不管，直接回宾馆，如果主管要求加班的话，这些人就会提出提供加班费的要求。这些员工让主管感到心力交瘁。而小杰则不一样，她总是跟在主管身边，随时看到需要解决的问题不需主管吩咐就马上去做，而且尽可能高效地完成工作。虽然小杰只是一名普通员工，但是在这次展会当中，她不知不觉就成了另一名负责人，和主管一样忙碌，而主管也放心将很多重要的事情交给他去做。

当展会顺利结束之后，小杰马上就升职了，原因当然是主管提拔了她。

有些时候，我们总是抱怨组织不给自己机会，但想想看，自己又有没有努力去争取过机会呢？想要在职场上获得成功，在组织中拥有一席之位，那么我们要做的就不仅仅是不闻窗外事地埋头苦干，我们需要动脑子，明白有什么需要自己去做，自己又能够做些什么，然后将一切付诸行动，这才是主动执行的终极目标！

勤奋，是我们工作的基础，但主动，更是我们工作的前提。

不仅要执行，更要超越

罗德是一家大型上市公司的总经理助理，可以说是总经理的左膀右臂。虽然现在的罗德在众人眼中非常成功，但是在他刚刚上任的时候，很多同事都在背后说他肯定是靠走后门成为的总经理助理。

事实上，罗德并没有什么门路，他和公司的其他员工一样，通过应聘进入公司，从最基层做起。而他之所以能够得到最快速的晋升，完全取决于他的敬业精神。在刚刚进入公司的时候，和他一样是新员工的一批人总是下了班就走，只有罗德留到最后，经常自主加班，在掌握了自己本职工作的相关内容之后，他也没有放松过，而是开始和其他同事学习别的流程、业务，渐渐地，罗德掌握了公司运营的整个流程，对每个环节都非常了解。

每当公司有些环节出现问题的时候，罗德一定是第一个站出来的，不用老板吩咐就去做，而且做得非常好。渐渐地，经理将罗德的一切看在了眼中，最后提拔他为自己的助理。而成为了经理助理之后，罗德依旧兢兢业业，不管什么任务，他都能举一反三，超出经理的预期，慢慢地，关于他的流言越来越少，同事们都开始敬佩起他来。

罗德似乎是我们在职场上最理想的一个状态——领导看重、同事喜欢、升职快、工作风风火火。但大多数人更习惯于在自己的梦境中实现这一切，因为现实当中想要得到这样的结果实在不易。但事实上这并没有那么难，我们只是需要先从结果跳出来，从过程入手。

很多员工把完成工作当成最终目标，认为自己完成了工作就应该得到领导的嘉奖，如果没有回报的话就会产生心理不平衡，进而产生消极情绪。但事实上，我们完成工作是我们的本职任务，组织发给我们酬劳对应的我们就应该要完成自己的任务。想要得到领导的嘉奖，得到更多的机会，我们要做的就不仅仅是执行，而是超越，超出领导的预期，这样我们才能获得自己想要的一切。

很多人抱怨自己的能力没有得到完全的施展，抱怨领导给自己的条件有限，抱怨领导"不识人才"。但换个角度想一想，我们又是否了解自己的领导呢？组织当中有那么多人，领导不可能一眼看穿每个人的能力有多高，对一个人的评价也往往是一项工作的完成度。领导需要负责的是整个组织，不可能一开始就给一个员工很高的起点，这也是比较保守的做法，而在我们工作的过程当中，领导会对我们的工作进行评价，进而对我们的能力有了越来越深的了解。如果我们满足于领导派发的任务，满足于现状，那么领导自然会认为你的能力也就仅限于此。但若是你能够展现出超出领导预期的成绩，那么领导也会考虑，是否给你的机会和平台可以更高一点。

所以，说到底，我们身在组织，想要居高位，就不仅要执行领导派发的任务，更要超越自己职位本身，发挥出更大的能量，这样我们才会被领导另眼相看。在西方，有一句谚语这样说道："你看见主动自觉的人了吗？他必定站在君王的身边。"

这也就是说，自主自发，做得更好的人更容易获得成功的青睐。领导每天都需要思考组织的发展，进而分给每个员工的时间都非常有限了，通常只能给我们一个职位和笼统的工作方向，很多细枝末节的东西根本没有时间安排，这就需要我们自己加深对工作和职位的认知，努力做到更好，尽可能将自己展现在领导的面前。

没有人能够保证我们未来应该怎样，但我们自己可以通过努力来达成自己的目标。领导没有时间来评估我们的能力，那我们就该用实际行动向领导展现自己的能力。将自己的工作落到实处，真真正正做出成绩，晋升的机会自然而然就会到来。

小叶和小江同是一个公司的基层员工，两个人在工作当中也都没有什么问题，都是尽忠职守的人，不过区别在于小叶习惯于满足干完一件工作，而小江则从来不满足，总想多做一些，或是把合格的工作做到最好。

从每天下班的时间就能看出两人的区别。小叶上班开始就忙碌开了，也不做什么闲事，尽职尽责，因为她的目标就是完成上面交代下来的工作好准时回家。所以每天她总能提前完成工作，完成之后，她就会收拾收拾自己的桌子，浏览一下网页，为第二天的工作做点准备，到了下班时分，她就第一个离开办公室。在大家的眼中，小叶做事麻利又稳妥，没有什么可挑剔的。与之相比，小江就显得“愚笨”多了，和小叶差不多的工作量，小江每天都需要加班。

但过了一段时间，小江升职了，大家才明白原因。原来小江和小叶的工作能力都不差，但她总是想多做一些，把做完的任务再加工，做到最好，做完本职工作，还多学一些与之相关的东西，于是一段时间过后，小叶还是老样子，除了工作得更快，剩下的空闲时间更多之外并没有什么大的变化，而小江则因为工作能力突出得到了晋升的机会。

脚踏实地地工作是没错的，但这并不意味着我们要满足于现状，不去畅想未来。如果我们对眼前的工作得心应手，那么我们该做的不是满足于现状，而是拓展自己，获得更多的机会。否则我们空有一身本事也很难有发展的空间。

懒惰是一种可怕的习惯，有些人觉得自己习惯于忙碌的工作，能够将其做到清闲，那么就可以安然度日了，有这种想法的人，就不能怪组织没有给自己更高的平台，因为我们对眼前的一切已经表示出满足了。组织只会给那些不断进取的人机会，想要得到机会，我们自然应该去争取。

满足于现状并不一定是真的满足，因为我们其实还有更多的机会，更好的条件，只要我们摆脱现状的限制，多做一些，超越昨天的自己，那么组织自然会给我们量身定做更大的平台。

就像某个广告词说的那样，“没有最好，只有更好”，不管什么工作，我们都要带着一种“贪婪”，一种不满足，不仅仅要完成，更要做到极致，毕竟付出多少就有多少回报，我们超出了组织的预期，组织自然会给予我们相应的回报。

完成工作是我们的本职，将工作做到卓越就是一种超越，多做一点或许有些忙碌，但回报却会是成倍的。在工作当中，我们不该抱有退而求其次的想法，而应该追求卓越。组织自然会追求卓越，身为组织当中的一员，努力做到最好，不也是对组织最大的支持，和组织最佳的融合形式吗？

让服从成为一种职业习惯

有一只狐狸，偷偷跑出了森林，迷路之后来到了一个农场，发现里面有一个葡萄园。葡萄架上的葡萄就像一颗颗紫色的宝石，珠圆玉润，闪着光泽。狐狸看了之后不禁咽了口口水。它试着蹦起来去够葡萄，奈何葡萄架太高，它根本做不到；想要搬一块大石头垫脚，却因力气有限又搬不动；想要爬上葡萄架，可是架子太滑，又爬不上去，狐狸着急得在葡萄架下不停地徘徊。

最终，天色渐渐暗下来，飞来了一只鸟，衔着一颗葡萄飞走了。狐狸又羡慕又忌妒，奈何自己吃不到。这时农场的狗过来了，笑道："怎么样，是不是吃不到很馋人？"

狐狸撇了撇嘴巴，酸溜溜地说道："哼，这葡萄长得这么茂盛，只有一只鸟衔走了一颗，看来这葡萄肯定是酸的！"说完便走了。狗笑道："吃不到葡萄就说葡萄酸，你就自欺欺人吧。"

吃不到葡萄就说葡萄酸这件事我们时常会当作笑谈，但回归现实，酸葡萄心理我们又何尝没有过呢？仔细想想看，总有些人对周围那些工作成绩优秀或者平步青云的同事嘲笑讥讽，觉得自己能力更强，只是自己没有发挥全力罢了。如果加以分析，就不难发现，这样的人实际上在内心对对方是忌妒的，而忌妒的本质就是羡慕。

为什么羡慕对方？因为对方的职位更高，还是工作更轻松？如果只流于表面，那么我们注定不会有什么进步。因为那些表现优异的员工都是通过努力得来这一切的。我们不肯努力，却总是能给自己的不努力找各种各样的借口。

很多人不要说升职，就连自己的本职工作都很难做好，而这种情况发生的源头也在于我们总是习惯于给自己找各种各样的借口。其实做好自己的本职工作并不难，只要我们能够服从领导的安排，那么领导自然会根据我们的表现调整对我们的培养计划，进而给我们更大的发展空间。

但如果最基本的服从都做不好，总和领导站在对立面，把领导当成自己的敌人，那么领导又怎么可能在我们身上冒险呢？毕竟领导负责的是整个组织。对于那些服从安排的人，很多人总觉得这是“溜须拍马”，实际上这样的心理是非常扭曲的。身在组织，为组织效力，我们自然应该要服从组织领头人，即领导对我们的安排，如果连最基本的这一点都做不到，我们也就只能给自己的不成功找借口了。

当领导安排某些工作之后，有些人就会找各种各样的借口去推脱，而且在推卸掉之后还扬扬得意，沾沾自喜，觉得自己无比聪明，避开了麻烦。但实际上在我们推脱工作的时候也将大好的前景和机会推掉了。

另一方面，有些人总是不满足自己的职位，带着消极心理工作，甚至不守组织的纪律，总想着通过对抗组织来寻求存在感，但我们已经知道了，想要在组织获得更好的发展，就应该要融入组织，如果我们事事和组织对着干，那我们无异于和组织的发展背道而驰，这样一来没有发展，甚至在组织失去立足之地也不足为奇了。

既然身在组织，我们理应服从，将服从作为一种职业习惯，那么习惯了就发现服从并没有想象中那么“丢人”，甚至还能给我们带来更大的收益。而养成这种职业习惯，首先就要从不为自己的反抗找借口开始。

马哲和赵华在一个跨国公司的新加坡办事处工作，该公司的总部设立在上海。一开始被派遣到新加坡的时候，那里的分公司已经颇成气候，赵华想着这是一个难得的机会，说不定到那里工作一段时间，回国后就能进入管理层了呢？于是他第一时间表示愿意到新加坡去。而马哲并没有想那么多，他认为，既然公司这样安排，自然有公司的道理。

两个人在新加坡这个人生地不熟的陌生国家奋斗了两年，事业终于有点起色了，没想到总公司又一道令下，要派遣两个人去马来西亚建立新的分公司。去一个市场完全空白的地方，无异于重新开始，本来赵华还想着能够再奋斗奋斗被召回总公司呢，没想到一下子把他支得更远了。

于是赵华向马哲抱怨："你说总公司那边是怎么想的啊？咱们两个这么努力，却被不断边缘化，连去马来西亚还是协助另一个经理过去，又不是直接去当经理。咱们能力这么强，却非要被派到那样的地方去，你说总公司究竟在想什么啊？咱们怎么才能不去啊？"

马哲相比赵华的激动要平静得多，他还是像以往那样，说道："总公司这么安排肯定有道理。也许是咱们英语水平最好呢？"

"在这个公司谁不会英语啊？再说了，英语最好又有什么必要吗？又不是当什么专职的翻译。"赵华越说越激动。

马哲叹了口气，劝道："不管基于什么，总公司既然这样安排了，咱们就得服从。除非你不打算继续在这儿干了。"

"哼，我可没你那么没有原则，我得想办法拒绝掉。"于是赵华便开始想各种各样的办法，最终他给总经理打了一个电话，说道："经理，不是我不服从公司的安排，只是我的能力确实有限，去马来西亚开创新公司可能绊手绊脚的，而且我年龄也不小了，可能有心但经历跟不上，而且我家还说希望我这两年能够回国呢。我实在不愿意去那儿。"

经理听完之后说道："是这样啊，既然你想在国内发展，那么你就回国吧。"赵华一听，别提多开心了，觉得自己的理由找得好，不仅避免了去马来西亚，还借此机会回总公司了。于是，在该出发那天，马哲已经整理好了一切，踏上了去马来西亚的飞机，而赵华则兴冲冲地回国了。

让赵华没有想到的是，等待他的是总公司的一份解聘书。而马哲则毫无怨言地鞍前马后帮助一起过去的经理，不管什么活，只要是经理安排的，马哲都没有疑义地去做。当马来西亚那边的分公司初见规模之后，经理马上就将马哲提拔为副经理。而此时的赵华，依旧在某个小公司里做着普通的员工。

表示组织有难的时候可以挺身而出也许只是一句话，组织更看重的是我们的行动。身为组织当中的一员，我们就应该服从组织的安排，这是职业精神的一种体现，可是现实当中总有些人不愿意轻易去尽自己的义务，总想着找借口推脱，更有甚者就像赵华那样，自己不服从还要影响周围的人。

任何一个组织都不欢迎小团体，一个人不服从就很容易给周围的人带来不良影响，而那些意志力薄弱的员工自然也会跟风，一传十十传百，就会动摇整个组织的根基。没有哪个领导会愿意冒险重用一个有“反骨”的人。

服从并不代表着抛弃自尊，真正有自尊的员工会懂得遵守自己基本的职业道德才是自尊自爱的表现，更何况，大多数时候人们选择不服从都不是站在组织的角度为组织着想，而是出于个人利益趋利避害罢了。

其实，服从是每个职场人都应该具备的基本素养，无论是身在基层还是管理层，都应该服从组织，只有这样大家才能共同为组织效力，就如通用公司前CEO杰克说的那样：“不懂执行的管理者，一定是最糟糕的领导者，他能把公司带入歧途；最善于服从的员工，迟早都会成为这个公司中最有活力和地位的精兵。”

将服从当成美德，进而培养成自己的习惯，这样我们才能高效地工作，才能顺心地工作，才能配合组织的步调大步向前。

千言万语不如脚踏实地

现在很多组织都有自己的口号，而口号的目的无非是为了发扬组织文化，鼓励员工积极进取。口号这种东西往往精练，短短的三言两语就把事情陈述清楚了，再加上组织不断地灌输，几乎每个员工都能倒背如流。只是背得再滚瓜烂熟，到落实这一步还是会出现各种各样的问题。

俗话说得好，光说不练假把式，这个道理谁都明白，然而真正能够言行一致的人实在是少之又少，很多人都知道组织的口号，也知道对应的自己该做些什么，喊口号的时候比谁都积极，但是到了真格的时候却又免不了打退堂鼓。更有甚者，甚至没有组织上“灌输”的口号，而是习惯于用口号来标榜自己，在领导面前出风头。但实际上，这只是因为急于表现自己，树立良好形象而夸出的海口，真的到了该做的时候，往往是雷声大、雨点小的情况了。

不管我们说多少豪言壮语，都不如做一件实事。这就像是我们的梦想一样，如果不去实现，那么它永远就只是梦想。同样地，我们不放眼实际去认真工作，再美好的愿景也不过是镜中花、水中月。

刘丹并不是一个学习优异的好学生，甚至大学都没有上完。原本她以为只要自己有决心，肯吃苦，一定能够找到好工作，而她也是这样和父母保证的："我要到社会上去历练，当别人毕业找工作的时候我一定会成为面试同学的领导人物！"

然而现实并没有理想中那么美妙。刘丹没有工作经验，也没有什么学历，只能进入门槛相对较低的房地产公司做了一名业务员。不管怎么说，找到工作就是好的，于是她鼓起干劲，告诉自己："只要我努力争取卖出一套房子，那么我一样可以有炫耀的本钱，一样可以出人头地。"

可是仔细想想，如果一年只卖出一套房子，那自己还是在最底层晃悠，于是她给自己定了一个目标——一周卖出一套房子。她想，城市这么大，房价又总是看涨，需求量一定很大。但现实是机会永远只留给有准备的人，虽然刘丹一直高喊口号，甚至写在便利贴上贴在电脑上，但这只是个口号罢了。每天到了公司她就悠闲地花半个小时吃早餐，别人开始打电话联系业务的时候她就浏览网页，到了中午大家还在带客户看房子的时候她则去吃午饭了；到了下午则开始昏昏欲睡，有时候有客户找上门，她就接待一下，并不怎么热情，因为她觉得买房子这样的大事不会因为她三言两语对方就能作决定。

就这样，虽然刘丹口号喊得响当当，但过去了一段时间她仍旧一点成绩都没有，反倒是那些平时看上去沉默寡言的同事卖出去了好几套房子。刘丹心里非常不平衡，经理找她聊天，刘丹还长篇大论地辩解，说自己志向高远，也很努力，可就是没有客户上门。

经理听了之后摇了摇头，说道："你光有目标没有计划，你仔细想想，你上班究竟为自己制定的目标做过什么努力？真想卖出房子，不用你到处宣传，上班时间多干点正事，对客户热情一点，比你喊一千句口号都有用！"

现实当中像刘丹这样的员工并不少见，总想着在领导面前表现自己的积极面，于是将目标定得非常高远，但事实上并没有真正想过怎样去实现。这样到头来我们反倒不如那些闷不吭声，脚踏实地进步的人了。

对于组织和领导而言，他们需要的并不是表决心，而是怎样去做，行动往往是领导最为重视的。如果你一边高喊口号一边又好吃懒做，那么不但不会给自己加分，反而会让表里不一的标签贴到自己的身上，不管在哪个组织里，只会说不会做的员工都不会有所发展，更不会被人们所喜欢的。

所以任何事最关键的步骤都是落实，也就是实干，纸上谈兵永远不能将理论办成现实，而工作成绩，才是我们展现自己能力的一张海报。就像我们不喜欢虚情假意的人一样，组织也不欢迎那些侃侃而谈却不做实事的人，真正实干才能获得成绩，这样的员工才是所有组织争相聘用的。

工作，重要的是做，光说不做，那么我们就连工作的基本原则都没有守住。踏踏实实是我们工作的本分，努力做好自己的工作，即便我们什么都不说，那么结果也会向组织证明，我们担得起自己的职位，我们应该获得更好的平台。

没有任何一个领导喜欢员工天天说大话哄自己开心，千言万语都抵不上一项工作成绩。所以比起如何挖空心思喊口号，还不如把时间和精力都用到做实事上面去。我们渴望成功，就要付出与之相对的努力，我们的汗水跟得上我们的野心，那么结果自然配得上我们的付出。

小茹是大山里走出来的姑娘，因为家庭环境的原因，她并没有接受过什么高等教育。走出大山之后，她进入了一个小餐馆打工，因为她除了手脚勤快之外，并没有什么过人之处。

和小茹一起工作的女孩子总是这样说："咱们女人就该打扮自己，吸引别人的目光，然后嫁个好人家，就不用这么辛苦了。来饭店吃饭的人说不定就有条件不错的人呢？所以嘴甜一点，不用那么辛苦也可以。"

但小茹并不这样认为，她普通话说得不好，而且并不是那么善于言辞的人，所以在别的服务员和顾客聊天的时候，她多半是在默默做自己的事情。服务员有什么可做的呢？小茹记下了一些常客的用餐口味，当常客来了之后，她招呼过后就直接按照顾客的口味给安排了，所以即便她不善言辞，但来过的顾客都记住了这个女孩子。后来，顾客当中有一个在开酒店的人问小茹愿不愿意到自己那里去发展，就这样，小茹有了跳槽的机会。

到了酒店之后，小茹没有像其他人那样制定目标或高喊口号，而是从锻炼自己的笑容和普通话开始，慢慢地，小茹越来越得心应手，有时顾客和其他工作人员产生矛盾她也能够去解决，就这样，过了一段时间之后，小茹被提拔为大堂经理。而之前和她说要过好日子的那个姑娘，还在小餐饮店做着自己的白日梦呢。

真正的成功都不是吹出来的，而是一步步走出来的。组织再大，也不是一个氢气球，也是一步一个脚印发展到今天。我们想要在组织当中有所作为，那么我们就要学习组织的精神，做好自己的工作，不要总是志向高远而行动跟不上。

实干胜过一万句说辞，说得再好也不如做得好，毕竟我们的成绩是做出来的，而不是说出来的，不是吗？

第七章
突破前程，在于无惧风浪

鸡蛋从外部使力是打破，从内部使力就是突破。组织这条大船要想前进，就必须有乘风破浪的勇气，直面困难的决断。而我们身在组织这条大船上，就更应该拥有和大船“同仇敌忾”的勇气和信念。告别恐惧，开拓创新，我们才能同组织一起迎接光明的未来。

克服恐惧，敢于迎风破浪

在茫茫大海上，有一艘船，在路过一个港口的时候，有一个年轻人询问船长可不可以带着他一起航海，他不要报酬，甘心做一名水手，只要管个吃住就可以了。因为他的父亲曾经就是一位勇敢的水手，所以他也想追随父亲的脚步。

船长给了年轻人机会，他随着船员们一起出发了。一开始，风平浪静，并没有什么问题，虽然有一点晕船，但年轻人还是很快习惯了，他觉得做一名水手原来这么简单。但是过了一段日子，他们遇到了暴风雨，狂风大作，海浪滔天，他们的船在海上漂泊不定。这个时候，船长就吩咐水手们打起精神，掌好舵，收好帆，来应对暴风雨。而年轻人则躲在房间的角落里捂着耳朵，他的父亲曾经就是因为暴风雨而丧命海上的，现在暴风雨来了，他就怕得躲了起来。

船长并没有注意到这个年轻人，大家都没有注意到，因为每个人都为了确保船安全航行忙碌着。直到暴风雨结束，大家聊天的时候才发现年轻人消失了。大家一通寻找，最终在房间的角落里找到了捂着耳朵瑟瑟发抖的年轻人，原来他还不知道风浪已经过去。

船长上前拍了拍年轻人的肩膀，问道：“你这样做是为什么？”

“我父亲就死于暴风雨，我害怕，所以就躲了起来。”年轻人哆哆嗦嗦地说着。

“既然你知道暴风雨能够让人丧命，为什么不想办法对抗，你捂住耳朵听不到雷声，雷声就不存在了吗？你躲在角落里闭着眼，眼前的一切就不曾发生吗？”

船长的话实在是耐人寻味，确实，我们在工作中总会有焦虑的时候，往往是因为我们遇到了瓶颈或者是其他的什么难题。这种时候可能有以前失败的阴影，或者其他什么因素，总之这些都会让我们感到恐惧。但恐惧又能够解决什么问题呢？想要渡过眼前的困难，就要克服自己的恐惧心理，战胜自己，也是前进中最重要的一个方面。当我们能够战胜恐惧的自己，那么我们就有了超越的勇气，有了迎风破浪的能力。

人在职场就像是一次冒险。虽然更多时候我们觉得职场和冒险这个词并不搭调，但事实证明我们一直是走在刀尖上的，这并非是夸大其词。因为未来的很多事情对于我们而言都是未知的，有顺利的时候，自然也有不顺利的时候，面临困难我们因为恐惧而一味躲避并不能改变什么境遇，就算我们不主动出击，时间是流动的，总会有困难找上门，但若是我们敢于冒险，敢于迎风破浪，那么任何问题都不会成为问题，我们的前路也才越走越广阔。

在草原上，牧民们习惯于养藏獒，而藏獒即便再厉害，在茫茫草原上还是有更加可怕的豺狼老虎，它们每次随着牧民出行都是一次冒险，因为遇到危险的时候，它们就会面临死亡的威胁。但藏獒从未因为胆怯而拒绝过抗争，它们明白，只有放手一搏，才有胜利的可能，如果不敢，那么结果连胜利的机会都没有了。

在职场上也是如此，我们敢于冒险，才能得到磨炼的机会，不敢冒险，最后只能失去立锥之地。我们所熟知的很多伟人都明白这一点，所以他们永远会迎着未来走上去，不管前路是荆棘还是沟壑，他们都知道这有办法度过，而保守或许能够让他们避免危险，却也注定碌碌无为的一生。

戴尔·卡耐基曾经说过：“不会冒险的人永远不会成功。”因为他的父亲就是凭借着这样的人生哲学来生活，教导他的。而结果自然也证明勇敢能够让他拥有一片属于自己的天地，无独有偶，实际上这样的示例也并不少见。

达尔文在人类进化史上的贡献是有目共睹的，但是谁又能想到，他的人生轨迹曾经差点发生偏差，因为他的父亲一直希望他能够成为一名牧师，如果他按照父亲的要求去做了，可能一辈子都不会有什么波折起伏，但也会失去名扬世界的机会。

达尔文想要做自己想做的事，于是他没有遵从父亲的期望，而是为了实现理想学习了西班牙语，之后跟着地质考察队去野外进行考察。在那个科技不发达的年代，野外考察是非常危险的事情，但是他就这样做了，而且他还曾一个人穿过了荒无人烟的斯诺登山区。多次的冒险给他后来的环球旅行奠定了基础。

航海是危险的事情，但达尔文为了自己的梦想从未感到恐惧，也没有想过退缩，他跟着船队一路考察，见识了许许多多的动物，不管船队到了哪里，他都会登陆考察。去了很多未知的地方，见识了当地的很多风土人情。5年的航海中有许许多多的危险，他也因此吃了很多苦头，甚至和死神擦肩而过，但航海结束后，他带着几百万字的笔记和无数的生物标本回到了家乡。

冒险的经历和研究的材料让他思考人生，思考物种起源，终于经过几年的研究之后，出版了名扬世界的《物种起源》。

鲁迅曾经说过：“世上本没有路，走的人多了，也便成了路。”沿着前面的人小心翼翼地走，或许能够让我们规避风险，但沿途的风景早就被人们看过了，一路的果实也早就被人们采摘殆尽了，此时我们再怎么细心寻找，也不一定能够找到前人没有找到的果实。而最好的办法，就是开拓一条全新的领域。

第一个吃螃蟹的人才有最多的资源和最优秀的条件，我们不敢做第一个，什么都想着规避风险，那么相对的我们能够成功的概率就低了很多。冒险不一定能够成功，但成功的人一定敢于冒险。

没有冒险精神，我们就如同行尸走肉，组织需要活力，自然不希望所有员工都如一潭死水般，组织往往会给那些敢于迎风破浪的人更多的机会。在组织当中很多人都把组织当作靠山，认为组织可以为自己遮风挡雨，这也是事实。但组织要想发展，就需要前进，就需要面临各种各样的问题，甚至是危机。如果我们一心待在组织的庇护下过活，那么我们永远就只能是组织最基层的员工，因为我们不具备领导者的条件——拥有开创精神。

由此可见，冒险精神是现代职场中必不可少的。有些事或许有些冒险，但只要我们有胆量去做，能够为之付出努力，那么当验收成果的时候，我们就会发现自己付出的一切都是值得的，因为高风险，所以才会有高回报。

面对未来需要谨慎，更需要冒险，我们不用顾虑太多，只要抱着战胜困难的决心和勇气，就会拥有创造奇迹的力量！

不论何时，我们都要记住，在这个风云变幻难以预测的环境当中，在这个竞争激烈的职场当中，当“安全专家”，被恐惧所操控注定碌碌无为；而敢于战胜恐惧，迎风破浪的人，必将成为精英中的精英！

智者把困难当机会

在某部流传甚广的书中，有这样一句话：“人的眼睛是由黑、白两部分所组成的，可是神为什么要让人只能通过黑的部分去看东西？因为人生必须透过黑暗，才能看到光明。”这是饱含哲理的一句话，可惜真正能够明白其中含义的人实在是太少。

在职场当中，每个人都希望自己的事业能够顺风顺水，什么都顺心如意。但有道是人生不如意十之八九，总有些困难会找上我们，反正不管怎样，生活和工作就是有办法让我们不能称心如意。于是大多数人在困难面前感到焦虑、烦躁，进而抱怨、退缩……

如果困难可以拟人化的话，它一定会鄙视地看着想要躲开却如困兽毫无他法的人们嗤笑道：“我的目的就是让你不好过，就是要打击你！而你就算再讨厌我，还是离不开我的掌控。”困难就这样把一大批人挡在了成功的门外。

可是除了一大部分人之外，总有少数人能够战胜困难。其实战胜的方法有很多，最关键的是态度问题。你是怎样看待困难的。对于有些人而言，困难无异于麻烦，是绊脚石。能躲则躲，躲不过就和它耗着，等待它过去，消极应对不会让困难顺利过去，还会让自己心生烦躁。而聪明的人永远明白困难的背后就是机遇，在竞争激烈的现在，困难的出现就是拉开距离，获得机会的时候。甚至于有些时候困难就是机遇乔装打扮的。

不管困难有多么大，只要我们有积极面对的态度，那么自然就有突破的方法。

美国淘金热时期，大批的人都为了黄金而前往寸土不生的黄金乡，但是真正能够获得黄金并满载而归的人并不多，因为在黄金乡前面是一条宽广的大河。许多人在大河面前退缩了，因为他们没有办法渡过这条水流湍急的河流。于是人们一边想着："发财果然不容易，还是回家过安稳的日子。"一边转头离去。

但有一个人则从中看到了机遇。既然渡河是个难题，所有人都被河流挡住，我何不利用这个困难，给自己创造机会呢？于是经过了很长时间，他造好了一条船，当起了船夫，为来来往往淘金的人渡河。

因为淘金的人非常多，而整条河只有他一个船夫，于是来来往往的人给他创造了巨大的财富。另一方面，在渡河到淘金地的还有一个聪明人，淘金地的生活是非常艰苦的，甚至连喝水都无法供应。在大多数人抱怨生活艰辛的时候，这个聪明人想到了办法，那就是挖一条水渠卖水。

因为口渴，大多数淘金者都会毫不犹豫地掏腰包，就这样，很多淘金者最后空手而归，而渡河的人和卖水的人则赚得盆满钵满，实现了真正的淘金梦。

大多数时候，问题就摆在那里，我们想办法绕道，并不一定就能离开它，而主动出击，从中找到机会，把困难挪一挪，说不定就能看到隐藏在其背后的机会了。规避困难或许能够让我们安然绕过，但也让我们失去了机会。

困难永远不能只是看表面，我们要学会从困难中寻找机遇。改变一下自己的思考方式，说不定就能转变眼前的境遇，因为世间很多事情都是可以来回转换的。就像著名影星奥黛丽·赫本那样，她本想做一名舞蹈演员，奈何资质不够，如果她期期艾艾，估计就没有日后的故事了，她正是明白困难可能是一种机遇，从而选择了转身，于是开创了自己的演绎人生。困难就是机遇，我们永远不知道未来会发生些什么，正如我们不知道困难在什么地方一样，我们又怎么能够肯定困难不是改变人生的机遇呢?

说起卡耐尔·桑达斯或许并不是每个人都知道，但是说起风靡世界的肯德基，就无人不知，无人不晓了。桑达斯是一个脾气暴躁的人，他也曾和众多人一样去参加工作，但是他和人相处不和，总是有各种各样的交际危机，工作换来换去他选择了自主创业。当然，创业当中也总是有各种各样的困难的，每当困难出现，他就借着困难调整一下自己的步伐，最终在年过半百的时候创造了商业上的奇迹，那就是肯德基世界连锁店!

面对困难我们除了认命之外其实还有更好的选择，那就是将困难转成机遇。任何困难的出现都是对我们的一次考验和警醒，这个时候停下来但是别彻底地放弃自己，分析一下问题所在，说不定就能够从中找到更好的机会。

只不过很多人都希望组织可以帮自己规避风险，有什么困难躲在组织的羽翼中就可以了，这样做看似把困难推给了组织，但组织受难，我们的损失只会比组织遭受的损失更加严重。身在组织，困难来临的时候我们要迎上去，把困难在自己这里消化，将成果留给公司，也只有这样的员工才会被组织所重用，所以从结果来看，困难确实是一种机会——升迁和平步青云的机会。

王新宇是一个公司的行政总监。有一次他负责的宣传册在印刷的时候出现了问题，里面有很多乱码和格式上的错误，这批宣传册的成本还很高。出了这么大的纰漏，自然让领导非常生气，加上投诉的客户，王新宇陷入了危机当中。不过他明白，这是自己的职责所在，出了问题自然要负责，于是他决定惩罚自己，同时也要惩罚负责这件事的部门经理。

让王新宇没有想到的是，部门经理上来就为自己开脱："我只是用了营销中心提供的稿件，如果要追究责任的话，不该处罚我，应该去找营销中心。"王新宇听了非常生气，说道："别人拿来什么稿件你们看都不看吗？那要你们有什么用？既然你们是把关的，在印刷前就应该要检查好，不然你为什么要签名表示可以印刷？"

话说到这个份儿上，部门经理依旧不知悔改，还想拉更多的人下水，辩解道：“要是签过名的人都要负责任，那么总裁也有责任，他不签名整件事都不会进行。”听了部门经理的话，王新宇肺都快气炸了，他说道：“总裁签名是赋予你们监管的权力，是对你们的信任。我尚且要为这件事情负责，更何况经手这件事的你了？没想到你不认错还一直狡辩，算了，我看你这个部门经理已经不用当了。”

辞退了部门经理之后，王新宇马上投入到宣传册的修正上，他给客户一个个打电话道歉，终于获得了客户的原谅。而这一切都是他自主去做的。总裁将这一切都看在了眼里，当事情圆满解决之后，总裁给王新宇加了薪。

组织看重的是结果，而我们应该看重过程，在遇到困难的时候，不要盲目地推脱责任，把责任揽下来，不要想着让组织去解决，这样我们才能真正为组织分忧解难，组织才有更多的精力去发展，去做更重要的事情。

当组织发展了，我们又何愁没有发展空间？更何况领导的眼睛总是雪亮的，我们为组织付出了多少，领导心里都有一本账。我们能够为组织分忧解难，组织自然也会回报我们。

不管是个人工作还是组织上的困难，只要我们以机遇的眼光去看待它，那么困难就会成为我们前进的助力，让我们突破前程。

创新是组织的生命力

从前有一个农夫，花尽了毕生财产买下了一个农场，这个农场地处偏远，但这也是他唯一能够买得起的农场了。农夫想要在那里种田养殖，安度晚年，但是让他没有想到的是，来到这片农场之后，他发现自己被中介骗了，因为这片农场根本无法称之为农场——土地龟裂，地面上还爬满了响尾蛇！

这样的一个“农场”花尽了他的毕生积蓄，农夫感到很绝望。空有土地却无法种植，甚至于养殖都无法进行，响尾蛇的威胁实在太大了。难道他就注定要吃这个哑巴亏吗？农夫换了一个思路，想了一个办法，他将目光放在了取之不尽用之不竭的响尾蛇身上。

经过了一段时间的开发，响尾蛇罐头被他推入了市场，并且农夫还就此开展了旅游业务，接待游客参观这个响尾蛇村，就这样，农夫因为开拓创新而走出了一条全新的路，也创造了属于他的奇迹。

因为是农场，所以无法种植也无法养殖，就只能荒废掉。也许这才是大多数人的看法。但在建成农场之前，谁又规定它只能是个农场呢？在这个社会当中，出其不意往往更容易获得成功，因为这些人在大队人马争先恐后地涌向阳关大道的时候选择了另辟蹊径，自然更容易到达成功这个目的地。

现在是信息社会，时代让一切的节奏都变得快了起来，很多相同行业的组织如雨后春笋般崛起，这就造成了竞争越来越激烈，在做精这条路上已经很难获得先机了，所以组织要想前进，就要另辟蹊径，开拓创新，做别人所不做，才能为自己的竞争加码。因为创新意味着填充空白，而空白处往往是没有竞争的。

在现实生活当中，很多组织都凭借着创新而独占一方。饮食行业是竞争非常激烈的，所有的餐饮基本上都可以分成两类，一类是小吃，平价食物；而另一类则是走高端的，价格自然也非常昂贵。而雕爷牛腩则开创了一种新的可能，即老百姓能够享受到的奢侈餐饮，雕爷牛腩开创了轻奢餐的理念，即一般工薪阶层能够消费得起，将小吃做得高端，并提供高级餐饮享受到的环境和服务。正是这种创新让雕爷牛腩在竞争激烈的餐饮行业中独树一帜，占据了一方土地。数码行业也是一样，当人们不用苹果机即用“山寨机”的两极当中，小米手机开创了性价比最高的智能机，这就是一种创新；又如出租车与“黑车”满街跑的时候，滴滴开创了一个打车平台，整合了所有资源，为顾客和司机都提供了便利，进而在激烈的市场竞争中独霸一片天……

在如今这个时代，创新也是一种核心竞争力，哪个组织能够开拓创新，就能走在行业最前沿，就能获得先机。说创新是组织的生命力也一点不为过，而组织的基础是人，所以组织要想“活起来”，就需要员工贡献自己的力量，不断开拓创新。

对于一个领导者而言，一个专业度很高的员工和一个头脑灵活，喜欢推陈出新的员工，领导往往更喜欢培养后者，因为前者不断发展也很难提高竞争力，而后者加以培养，说不定就能带领组织掀起一场行业风暴。

因此，我们不管工作能力是高是低，都不能忽略掉创新的重要性，什么时候我们都要保证自己的脑袋是“活”的，多进行一些头脑风暴，不要因为觉得无人做过就放弃自己的创意和想法，说不定你的创意就能开启一片天呢？

创新可以说是一个比较抽象的概念，因为创新能力不以时间和精力为标准，如果自己有很多好点子，那么我们就能够以最小的投入换得最大的回报。只是创新人才在这个时代实在是太稀缺了，所以每个组织对创新型人才都是趋之若鹜的。我们若想在激烈的竞争当中脱颖而出，那么就该向创新型人才转变。

组织当中按部就班的人实在是太多了，但这些人往往也只是一些普通的员工罢了，决定组织前进方向的往往是那些具有创新精神的人，只有这样的员工才有资格给组织出谋划策，才有可能统领整个组织。

创意就在我们身边，即便我们身在一个自觉枯燥的行业当中，也可能找到一个可以改变时代的创意。比如现如今吸引无数人的电商，又是谁开拓的呢？每个人都要购物，但不是每个人都有时间去购物，于是电商出现了，紧接着帮电商跑腿的快递也出现了。其实工作中并不缺乏创意，缺乏的是我们发现创意的眼睛。

李万钧是微软的一名员工，他大学毕业后就直接进入了微软公司，而没有选择继续深造。刚刚进入公司，他是一名普通的工程师，不过他总觉得工作并不是那么死板的，只要他乐于寻找，总能在工作中找到一些有意思的事情。

为了熟悉工作，李万钧习惯于将自己每个月的工作任务和解决的问题写在公司的报表上，通过这个报表，他就可以对自己的工作以及公司的运营情况进行分析。这是他最初的目的，但是在进行这件事的时候，他发现了公司使用的报表系统有一些缺陷，那就是反应不够快，当时整个区域的技术支持不过数十人，如果新产品发布之类特殊事件发生的话，这个反应慢的系统就会耽误很多事。

当时使用的报表系统是从美国微软总部直接搬过来的，李万钧觉得可以做一些“改革”，于是他自己编写了程序脚本，并在上司面前进行了演示和探讨。上司觉得这个系统非常有价值，于是就让李万钧将这个项目继续进行下去。最终，李万钧研发出了基于Web内部网页上的报表，而这个系统除了在国内受欢迎外，还被欧洲采用了。

而李万钧因为有功，所以很快就获得了升迁的机会，之后他通过对公司运营等方面的研究发现，又提出了很多有用的创新点子，这不仅让微软在中国发展得更好，更给李万钧个人带来了事业的巅峰。

创新是什么是概念，怎么去创新则是方法，人们都知道应该要创新，却往往不得其法，不知应该如何培养自己的创新能力。实际上，创意就在我们身边。李万钧正是通过自己的爱好和观察发现了机会，从而有了点子。

这也就是说，在工作的时候，我们不能麻木地去执行，要学会灵活多变地思考，以兴趣和工作为基点，找到两者的契合点，说不定就是一个机遇。但是我们要明白一点，那就是创新虽然是鼓励我们多想，但我们所想的也不是天马行空的，想要将创新变成创意，我们就要根据自己的想法设计出实际的方案来，如果无法实现，那么仅仅有一个好的想法是没有用的。

另外，我们也要明白创新是有始有终的事情，并不是我们想到了一个开头就算成功了，为了将自己的想法还原到现实，我们必须付出相应的行动，即便有些困难我们也要坚持到底。仅仅是一时的冲动并不能改变什么。最后我们必须认清一点，就算点子是我们的，但为的是组织的发展，想要一个人完成是不可能的，所以我们不能为了独占功劳就抛弃团队，任何时候，团队都是很可靠的后盾。

当然，这一切，都需要我们先拥有开拓创新的想法和态度，才有可能实现。

敢于脱离团队，独立思考

曾经有个科学家做过这样一个实验：

他把一群毛毛虫头尾相接地放在了一个花盆的边沿上，然后毛毛虫们就开始缓慢爬起来了，每一只毛毛虫都跟着前面那只的轨迹行进——这是毛毛虫特有的一种特性。它们走来走去，一直走，没有停下，最终在几天几夜之后，它们因为饥饿和劳累死掉了。而花盆的中央，就放着它们最喜爱的食物。哪怕有一只毛毛虫脱离团队，改变自己的轨迹，说不定这群毛毛虫的命运就将被改写。可惜很多事情没有如果。

为什么要说这个实验呢？因为我们虽然觉得毛毛虫很愚蠢，但很多时候我们在工作中也有毛毛虫这种愚蠢的一面，就是跟着团队前行，不去思考。确实，身在团队当中我们需要配合团队，抛弃一些自己的想法，但这并不代表我们就必须依附团队才能生存，离开团队我们仍旧是个人。

其实很多人之所以依附团队，完全是惰性在作怪，因为跟随团队似乎就可以“蹭”一些功劳，如果出于这种心理，那么我们的前途基本上可以说是断送了。因为团队的组成往往是针对某项工作，有些时候我们仍旧需要独立完成某种工作，如果我们习惯于团队合作，甚至于放弃了自己独立思考的能力，那么当我们回归个人的时候，将会发现自己一无是处。

某部电影演了一个身患绝症的人，他是一个优秀的演员，在生命的最后阶段他还在不停地演戏，他想融入每个角色，到最后，人们甚至分不清他到底是谁。这个人太习惯于扮演某个人了，于是在生命的最后，他才发现，自己唯一忘记扮演的人就是自己。为什么要在这里插入这个桥段呢？因为我们在团队中也是演员。一个团队，往往不会是相同的人聚集在一起，这是没有意义的，既然是一个团队，那么每个人都有自己需要扮演的角色，我们在团队中就应该要入戏，但是离开了团队，我们就要扮演自己了，如果丢失了自己，那么我们在职场中所做的一切又是为什么呢？

我们要明白，离开了团队我们同样需要独立，即便在团队当中我们要有所牺牲也不代表要抛弃自己所有的想法，如果团队中的每个成员都习惯于听从他人的安排，那么整个团队将无法运行，只有大家各抒己见，求同存异，才能让工作顺利进行下去。

春秋战国时期，鲁国有一户姓施的人家，家里有两个儿子，一个习文，一个尚武。两个兄弟组合在一起那就是所向披靡。两个人在鲁国的时候曾在朝堂中风光一时，但是因为其他党羽的原因，两个人没有更大的发展空间了，于是两兄弟商量去别的国家寻找发展机会。可是能够让两个人同时出人头地的地方并不多，于是商量之下，两个人决定“分道扬镳”，去更适合自己发展的地方。

习文的那个人对儒学了解至深，于是他考虑了一下哪个国家比较能够接受儒学思想，再三思量之下，他去了齐国。果然，齐王接受了他的意见，还给了他太子傅一职；而尚武的那个人则分析哪个国家更加崇尚武力，想来想去，就到了楚国，用法家思想游说楚王。最终楚王给了他一个将军的职位。就这样，两个兄弟各自有了锦绣前程。

而他们的邻居同样也是两兄弟，也是一个习文一个尚武，但这两个人的境遇就不如施家兄弟了。虽然两兄弟在一起的时候很好，但彼此离开之后就不知道该怎么办了，擅长儒学的那个人竟然跑到了崇尚武力的秦国去游说，结果被施了刑罚；而尚武的那个人则去无武力可发展的国家游说国王，最终同样受到了严重的惩罚。

虽然有些团队很融洽，但并不代表着团队中的每个人都是一样的，大家都是独立的个体，只有找到了契合点才能在一起共事。脱离了团队按理说应该更轻松一些，但对于那些依赖团队，放弃独立思考的人来说，则就是一种灾难了。

就像上面故事中所说的那样，施家两兄弟合在一起能文能武，分开来则也能找到适合自己的方向，而后面东施效颦的两兄弟显然只是照猫画虎，并没有进行独立的思考，所以最终落得个被国王大刑伺候的结局。

思考的能力不管是自己还是在团队中都是非常必需的，我们不能因为身在组织、团队就放松了独立思考的能力，什么都听之任之，这样我们或许能够在组织和团队存活，但是绝对不会有大的发展，因为组织需要的从来都是能够配合他人却不失独立自主的人，而不是听命于人毫无思想的傀儡。

想要在职场上走出康庄大道，就要保持独立思考的能力。更何况，职场也是没有硝烟的战场，就算是身边的同事也难保不是我们的对手，因为有比较的地方就会有竞争，我们想要力争上游，别人同样有这样的追求，这就只能看我们各凭本事了。如果你连最起码独立思考的能力都没有，又凭什么和人去竞争呢？

更何况，所有的领导者都喜欢能够主动解决问题，能够独立思考的员工，如果我们失去了这种能力，就已经失去了基本的竞争力了。所以，我们时刻都要记住，我们是组织的一员，同时，我们也是一个个体。

突破常规，不做经验的奴隶

一艘轮船不幸触礁沉没，船员们拼命地游泳，终于来到了附近的一个孤岛上。很快，船员们陷入了缺水、缺食物的困境，可是孤岛上没有任何淡水资源。经验告诉船员们，海水又苦又咸，如果喝了的话就会加快死亡的速度。就这样，船员们一个个因为缺水而死，可是当最后一名船员在绝望中品尝一口海水后，竟然发现海水是甜的！原来，这座孤岛地下有一个泉眼，泉水不断地涌出，遍布孤岛周围的水域。所以说，孤岛周围的水其实是可以饮用的泉水。

世间万物总有规则，比如花开花落，潮起潮落。但另外，并不是所有的事情都是注定的，没有丝毫改变的余地的，比如花多开于盛夏，但梅花偏偏开在严冬。常规存在是一种可供我们参考的经验，但并不代表着我们只能依经验而行，毕竟很多事情仅靠经验是无法解决的。

船员们一味依赖经验，失去了拯救自己生命的唯一机会。这让我们想起了一句老话："经验主义害死人！"

诚然，生活中我们需要借鉴前人的经验，这样一来可以少走很多弯路，增加成功的概率。不过，经验固然重要，可是一味凭借经验办事，那些所谓的经验就会成为我们思想上的障碍，禁锢住我们的行为和处世方式，导致自己陷入困境之中。

其实，任何经验即便是最成功的经验，都是特定时代、特定环境下的产物，我们可以适当地借鉴，却不能将它看成是“模板”，什么事情都去套用。固守着以往的经验，就会形成思维定式，成为经验主义的信徒。

一味根据以往经验办事，不对现状进行思考、探索，那么面对一些新问题时就会一筹莫展，再也没有思想的火花闪耀，再也没有创新和创造的灵感。在职场中，有些人经常会因为经验的积累而自以为是地想当然，凭借事物表面来判断一切，没有了进一步思考的意识，这就是有些人缺乏创新思维的主要原因。

就像是诗人余光中所说的一样，“当你的爱人已经改名玛丽时，你怎么送她一首菩萨蛮？”生活总是充满了变化，如果我们习惯用固有的经验办事，那么只能被远远抛弃。

许多人的思维被经验主义束缚着，我们承认这些固有经验很难被冲破，但是我们却不得不这样做。因为只有超越旧的思维模式，摆脱以往的经验，使自己拥有创新的脑袋，这样才能具有超前的思维，才能得到创新的条件，从而在职场或是人生中脱颖而出。

而蒂梵尼的创始人查尔斯·刘易斯·蒂梵尼便是这样一位天才生意人。

当年，查尔斯刚刚来到纽约百老汇，开了一家十分不起眼的文具饰品店，可是他却具有与众不同的生意头脑。后来，美国传出一个消息，穿越大西洋底的电报电缆发生了破损，需要将它替换出来。这样一个不起眼的消息，没有在社会上引起任何波澜，破旧的电缆能有什么作用呢？

可是，查尔斯却看到了其中的商机，他立即买下了这段报废的电缆。人们知道这个消息后都惊呆了，纷纷嘲笑说：“这个人一定是疯了！”

查尔斯没有在意别人的眼光，因为他心中已经有了不错的主意。他将这根电缆切割成无数段，然后再用漂亮的装饰包装起来，作为纪念品在店中出售。

果然，这样的纪念品受到了人们的欢迎，他也赚取了大笔金钱。

后来，查尔斯花大价钱，买下了欧仁皇后的一枚钻石，这颗钻石十分珍贵，淡黄色的光彩雍容而华贵。一般人肯定想要找机会将这个钻石高价转手。可是，他却不慌不忙地举办了一个展示会，可想而知，世界各地的参观者慕名前来，希望一睹欧仁皇后钻石的风采。盛大的展示会增加了蒂梵尼公司的名气，也给他带来了大笔的财富。

买一段报废的电缆？很多人会嗤之以鼻，因为根据以往的经验，这根电缆就是废品，根本不值得多少钱。可是，查尔斯却跳出了常规，具有与众不同的思维，利用这段电缆为自己赚取了第一桶金。后来，查尔斯开始经营珠宝首饰，凭借天生的生意头脑，将一家不起眼的小铺子发展成为美国首屈一指的高档珠宝商店。到了19世纪末，蒂梵尼的顾客囊括了英国维多利亚女王，意大利国王以及丹麦、比利时、希腊和美国众多名声显赫的百万富翁，而查尔斯也成为了“钻石之王”。

在当今社会，财富不仅是金钱和思维，更是智慧和魄力。打开财富大门的钥匙有很多，但是敢于另辟蹊径，走别人没有走过的路才能赢得更多的机会。有些人经常会提出这样的疑问：为什么别人这样做成功，我却遭遇了失败呢？我明明参考了成功者的经验，为什么还会输得那么惨呢？

其实，这些人都太过于迷信成功者的经验了，却忘了经验只能参考，绝不是用来照搬的。每个人都有自己的特点，别人的成功经验只适合别人的事业，我们只有根据自己的特点办事，才能脱颖而出。我们要记住，规则，有时是用来打破的，而经验，是我们的助力，而非我们的主人！

第八章
同舟共济，协作凝聚力量

单打独斗，永远不可能战胜一个团队。我们既然登上了组织的大船，那么我们就不再是一个人，我们有组织，有同伴，这也注定了我们前进路上并不孤独。同舟共济，与组织里的其他成员共同配合，我们就能在最短的时间内登上成功的彼岸。

互相配合方能行船前进

有一个大学的学者想出了这样的一个实验：

六只猴子两两成双地分到三个房间当中，每个房间都放上供应几天的食物，但是分放的位置不同，实验的目的是看猴子们会为了填饱自己的肚子付出怎样的行动，以此来判定猴子的智商。

第一个房间中的食物就放在地上，伸手就可以够到；第二个房间中的食物悬挂起来，以由易到难的程度悬挂，最低的位置跳起来就能够到；第三个房间中的食物则悬挂在很高的房顶上。几天过后，当学者打开房间之后，发现第一个房间中的食物还剩了一些，但两只猴子中的一只受了很严重的伤，对进食造成了影响，这只猴子奄奄一息，而另一只猴子则死去多时了；第三个房间中的两只猴子都死了，尸体上也有不同程度的伤；只有第二个房间中的两个猴子活得好好的，学者进入房间的时候，两只猴子还互相抓虱子呢！

观察监控后学者得出了造成不同结果的原因：第一个房间中的猴子为了独占食物而大打出手，最后一个死亡，另一个也没有好到哪里去，虽然留下的食物足够它们两个食用。第三个房间的两只猴子都奋力地向着房顶跳，各显其能，当发现对方要接近食物的时候另一只就会加以阻挠，最终两只猴子精疲力竭，活活饿死了，即便它们两个叠罗汉就能取到食物。只有第二个房间中的两只猴子，它们先是凭着自己的本事取到了能够取到的食物，当食物悬挂的高度无法凭一己之力获得时，它们就想出了配合的方法，一只猴子托着另一只猴子跳起来。当跳起来的猴子获得食物之后就分给自己的同伴，这样一来两只猴子就轻轻松松地活了下来。

虽然是针对猴子的实验，但对于我们同样有着警醒的作用。很多人都认为组织就算是一个大家庭，之中还是存在着竞争的，所以身边的同事更像是敌人，为了自己前进，就必定要打败对手。事实上，这样的想法实在是太极端，也太片面了。职场当中确实有竞争，但这也是我们前进的动力，另一方面，如果我们只是将身边的同事、领导当作敌人，那么我们就和第一个房间和第三个房间中的猴子一样，只能迎来毁灭。

现在是知识经济时代，各种各样的知识和技术都在不断发展，我们埋着头自己干很难应付爆炸式的信息，更不要想采取相应的行动了。组织中的每个人都是对手和朋友的关系，没有永远的对手，在需要分工合作的时候，我们就应该要融入团队中去，互相配合，这样才能得到双赢的局面。

之所以说职场当中存在竞争，并不是要我们远离组织当中的其他人，而是要求我们时刻保持努力，不要松懈给人可趁之机。既然我们身在组织这艘大船上，就应该要学会利用组织当中的资源帮自己实现人生理想，而同事和领导都是宝贵的资源。这并不是人性的自私，而是双赢的选择，从组织的角度来看，每个员工都闭门造车，那么组织就缺乏核心凝聚力，如同一盘散沙，没有配合是很难平稳发展的，从我们自身而言也是一样，不懂配合，只能事倍功半。

每个组织当中都有所分工，自然也有配合，如果我们都想着自己的利益，不愿意去考虑别人，那么协调不善就会出现很大的问题。组织是不会允许不和谐的因素存在的，若是我们真的想有所作为，那么就要学会站在组织的角度去思考，暂时放下个人的得失，从宏观角度来看大局，与团队合作，这样一来，组织才能进步，我们才能搭上组织这辆“顺风车”。

员工的能力固然重要，但组织更加重视员工的态度，如果员工没有团队精神，那么就算是天才也不会在组织的选拔标准当中。以微软为例，当时开发Windows XP系统的时候有500多个工程师参与了这个项目，耗时两年才完成，如果仅凭一人之力，那么5000万行的编码想来也是“终生事业”了。

每个身在职场的员工都是组织的一个螺丝，有一个不协调，整个组织的运营都可能会出现问题，所以我们在职场中学会配合，学会分工合作，才是做好本职工作的基础。我们和组织是利益共同体，也就和同事、领导、下属都绑在了一起，就像三个和尚的故事一样，要想达到目标，就要协作分工，这样才能真正做到事半功倍，如果我们坚持个人至上，那么最终的结果一定是损人不利己的。

一个人死去后见到了神，神说：“你想进天堂还是地狱？”

“可以选择吗？”

“当然。”

“那我想参观一下。”这个人说道，他想，既然天堂和地狱是自己选择的，那这两个地方很可能与生前传言的不一样，没准地狱也是个好去处。但是当他到了地狱之后，却被眼前的景象惊呆了。原来地狱中的人们一个个都饿得皮包骨，但他们围坐着的桌子上却堆满了各式各样的美食，而且他们的两只手里都是四尺长的刀叉。

这个人想不明白，有美食也有餐具，为什么他们却挨饿呢？于是他又跟随天神去了天堂，在天堂中他发现布景和地狱是一样的，有美食，每个人绑着同样四尺长的刀叉，但天堂的人们看起来幸福快乐。

见这个人迷惑不解，天神说道：“同样的环境，但地狱的人们总是想尽办法独享美食，四尺长的刀叉够得到食物，却够不到自己的嘴巴；天堂的人们则想到了互相喂食，这样一来自然不用挨饿。”

善恶不过一念之间，善有善报，恶有恶报，如果在组织当中我们只想到自己，那么我们就不能奢求组织和同事能够为自己的未来出一把力；但若是我们能够暂时抛弃小我，成就大我，那么我们的发展肯定是飞跃式的。

其实，组织就像一条船，船长固然重要，但是没有船员共同协作，再小的船也无法前进，只有掌舵的人、卖力的人和放哨的人共同配合，组织这艘大船才能乘风破浪，我们与组织才能和谐向前。

一天，五个手指聚集在一起，讨论起谁最重要。大拇指说道："我排第一，而且和你们不在一个队伍里，又最健壮，没有我你们都无法拿东西，夸赞人的时候也会伸出我来，所以我最重要。"

食指听后不高兴了，反驳道："你还最矮呢！我才是最重要的，拿筷子没有了我的支撑什么都吃不了，而且说重点、指方向的时候一定会伸出我来，所以我最重要。"

中指听后不急不慢地说道："要说最高的那肯定是我了，而且我在最中间的位置，这不足以证明了我的重要性吗？"

无名指又说道："你最重要结婚戒指为什么不戴在你的身上？可见，我才是最重要的。"

于是，四个手指开始辩论起来。这时，一直沉默的小拇指说话了："你们都很重要，但那是咱们聚在一起的时候才能发挥作用的。少了谁，手都没有拿握的能力不是吗？"

彼此合作，是生存的根本。组织就像是一双大手，我们就是组织当中的手指，就像手指有粗细长短之别那样，我们也有不同的分工，虽然我们各司其职，但我们又都身在组织当中，离开了组织，我们很难成气候，只有大家分工合作，互相配合，才能发挥组织的最大威力。

并非凑在一起就能称之为组织，如果大家都打着自己的小算盘，谁也不理谁，那么再多的人也只是乌合之众，难成大事；但若是人们有力向一处使，抛开职位高低，尽自己最大的努力，配合组织的步调，那么我们的组织才能成为最具竞争力的团队，我们才能真正融入组织，做到了这点，我们也就成了组织不可或缺的存在了。

我们要记住，组织这条大船即便不是由你掌舵，它在前进中也必定有你的一分力量。

协作才能增效

想必我们对木桶原理都不陌生，一个木桶能够盛放多少水，不在于最长的一块板，而取决于其中的短板。从另一个角度来说，木桶之所以能够盛水，全不在于一块木板，而在于所有的木板严丝合缝地“靠”在一起，否则，不管长板短板，一块木板是丝毫没有意义的。

都说人多力量大，我们之所以加入组织，也是因为跟随组织比我们单打独斗更容易达成目标。既然如此，我们又为何要排斥组织当中的协同合作呢？组织的前进离不开组织中的每个成员的努力，而组织也正是希望大家能够协同合作，这样才能保证高效率地执行，进而促成利益最大化，我们身为组织当中的一员，也就有义务迎合组织的这一需求。

既然我们以主人翁自居，那么我们就不仅仅是盯着组织领导者的位置，而应该真心为组织的维护和发展考虑，这就需要我们时时刻刻不能脱离组织中人的身份，和组织血肉相连、心灵相通、命运相系。而做到这一点，就需要让自己和周围的同事、领导以及下属配合起来。

道理并不复杂，只是人们在忙碌的工作中无暇顾及这些。为什么忙碌？大部分人可能都觉得工作就是如此，但事实上，无休止地忙碌也可能源于我们工作效率的低下。低下的工作效率并不能让我们得到理想的结果，而且还会让我们对自己甚至对组织产生质疑，觉得自己疲惫不堪。如果你也有这样的感觉，那么你也许该想想，自己是否排除了团队之间的配合，忙于“独门造车”了。

虽说我们都觉得自己不会放着轻松的日子不过自讨苦吃，但有些时候，我们很容易被内心的骄傲和自负所累，认为自己独立完成工作就能够将所有的功劳归于自身，还能最大限度地向领导证明自己的能力。但是从组织的角度来看，是不是也希望每个员工都能这样呢？员工的个人能力固然重要，但组织更希望的是大家能够协作配合，因为合作能够最大限度地提高效率，也就最大限度地节省了成本，增加了收益，从另一个方面来说，多方协作无疑也是一种监管机制，大家的监督能够有效减少工作中的各种疏漏。

如果我们坚持做“独行侠”，那么就很难最大限度地使用自己的时间，效率不高不说，也可能忙了半天还出了差错。组织是从结果看问题的，我们如果想要证明自己的能力，就要提高效率，协同合作，无论从组织发展还是个人而言，协同合作都是最佳的增效途径。

在一个大学里，有一个著名的教授，每年都有许多学生报名他的课程，因此这个教授的课堂上总是人满为患。而那些没有报上名的同学也总是想“蹭课”。可是有些时候并非所有的人都能够跟上这个教授的课程，而那些落后的同学却又不肯去听更合适自己的课程，总是自负地待在教授的课堂上，不停地发问，这样一来耽误了不少时间，那些已听懂的同学也不得不浪费课堂时间听教授一而再、再而三地解释那些大部分人都已经理解的知识。而已听懂的同学中又有些人总是直白地表示那些不断发问的同学在“拖后腿”。

如此一来，整个课堂的气氛非常糟糕，教授不得不多次协调同学之间剑拔弩张的关系，这样课程的进度就更慢了。那些优秀的同学仗着自己已听懂就不把别人放在眼里，而一些跟不上课程的同学又不肯承认自己的能力就问问题。教授想来想去，最后想了一个办法来改变这个现状。

教授安排了一堂发表课，他随机将学生以四人一组的形式分成若干组，然后给每个组一个随机的主题，让大家以小组的形式对主题进行调研，然后写成论文，做好PDF，在一周后的课堂上进行发表。

这种实践课对于很多人而言都是非常有意思的，但是一周的时间做好全面的工作是非常困难的，很多同学都明白这一点，于是各个小组之间马上开始着手进行了。一周的时间过得飞快，到了发表的那一天，教授坐在讲台下开始听同学们的发表了。

第一个小组首先是上台之后匆忙地进行了准备，然后一个人站在主讲台上说了起来，另外的三个组员则站在一边。一开始还算顺利，但是到了中间的时候边上的组员就有人反驳主讲同学的言论了，之后四个人就在讲台上激烈地辩论起来，教授不得不叫停。

第二个小组上台之后主讲的同学说得磕磕巴巴，不时边上的组员还要插话补充。主讲的同学看着PDF也不能顺利发表观点，还要稍作停顿研究一下，有时说到半截还停下思考，似乎这个观点有些矛盾，还需边上的组员提醒……教授也不得不叫停，问道："作为主讲人，你怎么连小组的论文都没有理解，PDF都没了解清楚呢？"主讲的同学挠挠头，辩解道："我们是今天早上才选出来使用谁的论文，所以我有点不清楚。"教授听后叹了口气。

第三个小组算是比较优秀的，主讲人说得行云流水，过程非常顺利，但是教授发现其他的三个组员在一边有些事不关己的样子，于是在主讲人讲完之后并没有让他们离开，而是问边上的组员他们发表的一些相关问题，可是组员们磕磕巴巴的，似乎答不上来。原来，这个小组的所有工作都是主讲的同学自己完成的，因为这名同学是个优等生，其他的同学并没有做什么。教授问道："你做这份报告用了多久？"主讲的同学想了想，带着些许自豪说道："从您上周布置完就开始了，今天早晨才结束。"

……

之后好几个小组都上台发表了自己的调查报告，但都存在各种各样的问题，只有最后一个小组从组员到主讲人都表现得非常优秀，教授听完之后满意地点了点头，问道："你们用了多久？"主讲人回答道："大概4天的时间。"其他同学听完后都露出了不可思议的表情，教授继续问道："你们是怎么做到的呢？"

其中一个人回答道："您那天分好组之后我们就把工作进行了分工，每个人负责一部分的内容，这样两天时间就可以完成资料，第三天大家开会决定PDF的方案，然后总结大家的看法做成报告，最后一天大家再决定谁适合主讲。这样一来每个人都了解报告的内容，而且能够在最短的时间里完成，剩下的时间还可以去完成别的课程。"

教授听后满意地点了点头，说道："这就是我想通过这堂课告诉大家的。团队合作才是增效的最佳途径。既然我分了小组，那么大家就应该要发挥小组的作用，只有一个成员优秀是不够的，想要小组获得高分，就要大家一起合作。这堂课我会根据发表情况给小组评分，小组的分数就是组员的分数。"

教授说完，所有的同学都低下了头，再也没有反驳或指责的声音了。

既然身在职场，我们每个人都要成长，就算你能力卓越，也不代表你可以抛开组织一个人推动组织这条大船。就算你真的能够做到，肯定也需要耗费巨大的精力和时间。这些投入对于我们而言是一种浪费，大家共同努力节省时间，这样才算从根本上把任务完美地完成。

我们是组织的一员，若是想要脱离组织独自前进，那就是忘了自己加入组织的初衷。如果你真的是组织当中的一员，那么你自然会从组织的角度去考虑，自然也就会明白团队协作对组织的重要性了。

不管什么时候，我们都不能忘记，效率是组织的生命，而维系生命的灵药就是团队协作！

同舟共济，船上没有个人主义

组织和个人你是怎样看的？恐怕在大多数人看来，个人是凌驾于组织之上的。甚至于在这些人眼中，这是合情合理的。但事实上，进入了组织，我们就成为了组织的骨血，这个时候个人的概念应该消失才对。

为什么一定要扔掉自己呢？我们之前都已经了解过了，想要组织这条大船带领自己乘风破浪，势必要融入组织，但只要我们以个人为中心一天，就意味着我们没有真正地融入到组织当中去，若是我们真心站在组织的立场去考虑，那么我们定然会扔掉个人主义，和组织同舟共济，这才是发展的必然方向。

何谓与组织风雨同舟呢？不论什么时候，我们都要记得站在组织的角度去考虑，扔掉个人主义，和组织中的其他成员一起努力帮组织发展。

我们可以将组织当中的成员都当成是自己的家人，这种时候我们或许就比较容易理解了。

在英国的肯特郡有一只叫作菲比的导盲犬非常有名，它和其他的导盲犬看起来没什么不同，都是性格温顺的金毛犬，但它又是那么与众不同，因为它服务的对象不是盲人，而是盲犬！为盲犬导盲的导盲犬也许只有它了。

菲比虽然体型庞大，但它还不足一岁，而它服务的那只盲犬已经6岁了。平时菲比总是像人一样“领着”盲犬杰克出去溜达，不过它只能用嘴叼着对方的颈带，以确保对方不会走失。到了吃饭的时候，菲比也会给杰克“领位”。

事实上，菲比并非是以导盲犬的身份来到这个家庭中的，它是这家主人专门培养为杰克导盲的。刚刚来到这个家庭的时候，一家几口人过着快乐的生活，但是没过多久，主人就发现杰克换上了青光眼，因为那段时间杰克总是撞到眼前的物体，检查过后得出了这个结论。为了防止病情恶化，兽医摘除了杰克的一个眼球，但是另一只眼睛视力同样低下，很快它就完全看不到东西了。

主人们想来想去，便想到训导菲比来为同伴领路，毕竟狗狗们总是喜欢在一起“扎堆”的。而菲比性格又比较安静，也不会因为贪玩而随处乱跑，显然很适合陪伴杰克。于是菲比就被主人们训练起来了。虽然菲比很认真地学习，但一开始杰克并不怎么愿意搭理菲比。可菲比并没有因此而选择放弃，它时常跟在杰克身边，一来二去，它用自己的诚意和热情打动了杰克，就这样，菲比成为了朋友的眼睛。

在生活当中，我们不会和家人之间将权利义务分得清清楚楚，因为没有这个必要，身在一个家庭，我们就都为了这个家庭的维系而努力，多做一点、少做一点无所谓，只要大家齐心协力就能够把日子过好。事实上，在组织当中也是同理，既然我们加入了组织，那么大家的终极目标就是组织的发展，组织发展了，回归到个人身上自然也是一种发展和进步。既然目标是一样的，那么组织当中的每个人就不应该分你我，都应该组织至上，为了组织而奋斗。

不管你是因为考虑到自己未来发展还是什么原因，身在曹营心在汉都是不该有的想法，我们是组织的一员，我们需要对自己负责更需要对组织当中的其他人负责，即便我们不是组织真正的领导者。

组织的发展靠大家，我们应该优先考虑组织的发展情况，而不是自己付出了多少和应该占有多大比例的回报，回报少了就不愿意配合其他人，或者回报过大就想着独占好处，抛弃其他同伴。

记住，同舟共济才是组织需要的成员，大家和谐共处，相互配合组织才能走得更远。

杰森是洛杉矶一家文化公司的员工，他的老板实际上也比他大不了几岁。两个人除了是上下级关系外，更是要好的朋友。当然，杰森并没有因为和老板走得近一些就公私不分，在公司的时候，他仍旧把老板约翰当成领导者一样去尊敬，只有在私下里他才“不顾大小”地和约翰开玩笑。

约翰是一个为人亲和的人，加上管理有度，公司运营情况良好。而杰森是一个雄心勃勃的年轻人，在工作中他表现出了最大的干劲，除了完成自己的本职工作之外，他还时常会给约翰提一些建议，帮助公司的发展。

而约翰也会从公司的角度去考虑，如果太过冒险，他就会拒绝杰森，杰森明白这不是朋友的拒绝，而是站在组织角度的拒绝，因此他也表示出理解。但后来有一次，杰森开发了一个大项目，因为是他开发的，自然他就成为了这个项目的负责人。约翰放心地把一切交给杰森，让他放开手脚去做这些。因为公司规模不大，所以杰森并没有为了这个项目招新员工，甚至有些不是自己专业的领域他也会去钻研，毕竟请一个专家花费不小。

过了一段时间，没有想到的事情发生了。因为某些环节的问题，公司的资金链出了问题，当公司出现问题的时候，首先闻风而动的就是银行，约翰找不到资金，一时间很是着急。这个时候唯一能够让公司喘过气来的方法就是尽快将杰森开发的项目完成，因为这个大项目完成之后一定能够挣到很多钱。

杰森也非常明白，但奈何他能力有限，很难在短时间内完成，更何况他并非一些专业领域的专家。思来想去，约翰不得不做了一件“对不起”杰森的事情，他外聘了一个专家，然后将专家定为整个项目的总负责人。

杰森为了这个项目努力了很久，现在却要让他辅佐一个“半路上车”的人，任谁看这口气杰森都不能咽下去。确实，杰森心里有百般不愿，但是最终他还是决定服从约翰的安排，和专家配合，这样才能让整个公司活过来。

经过了一个月的奋战，最终杰森的项目完成了，并且比预想的赚得更多。当然，有功之臣就不仅仅是杰森了，虽然就算没有专家，杰森多花些时间也能独立完成。在庆功宴上，杰森并没有不高兴，相反地，他因为公司的崛起而打心眼里感到开心。

约翰自然将杰森牺牲自己的行为看在眼里，没过多久，因为公司的发展，约翰就提拔杰森做了副总经理，因为他知道杰森会把公司的利益放在首位，也能抛却忌妒和不甘与人合作，这才是他最看重的。

人外有人天外有天，这个世界并不缺乏人才，组织看重的也不仅仅是个人能力，比起能力，组织往往更重视成员之间的配合，而真正能够理解合作含义的员工，必定会抛弃个人主义，绝不会以自我为中心，而以自我为中心的人，即便有合作的行为，也断然是从自身利益出发的。

想要在组织当中平稳发展，想要成为组织不可或缺的人，我们就要和组织同舟共济，不论什么时候，都要明白，组织的利益高于一切，身在组织，就是组织的零件，而不是自己！

学会信任和分享

合作，不仅仅意味着大家的共同付出，也意味着大家之间的毫无保留。对于有些人而言，合作可以，但要想让我分享自己的东西，没门！如果每个人都这样想的话，那么合作这件事就不可能存在了。

我们都知道藏獒是一种智商不高的狗，但是在有些方面它们做得比我们自诩聪明的人类还要好，比如分享。动物的世界是一个弱肉强食的世界，弱小活该挨饿，但在藏獒的族群中，成年的藏獒会将自己的食物分给幼小的藏獒，也毫不吝啬将自己的捕猎经验传授给它们。当藏獒捕猎成功之后，也会和族群中的其他藏獒一起分享食物。

乍看之下这是愚蠢的，但仔细想想，正是它们的这种做法才能让藏獒这个族群在大自然当中欣欣向荣，长盛不衰。而我们所知的熊猫，恐怕离开了人的保护连存活下去都做不到，因为它们是一个个的个体，而不是一个团体。

其实社会也是一样，并不比大自然安全多少，同样的弱肉强食，同样的竞争激烈，因为很难一个人成事，所以我们才组成了一个个的组织。但组织若要发展，那么组织当中的成员就应该抱成团，都应该毫无保留地分享自己的经验和技术知识，如果大家都藏着掖着，谁都不愿意真心付出的话，那么组织是很难稳固的。

我们总是在心里打着自己的小算盘，实际上这是对组织和周围员工的一种怀疑，被怀疑没有人会感到舒服，何不多给组织和周围的人一些信心，大家多一些信任，多一些分享，让合作变得更加高效呢？

迈克尔·乔丹是世界著名的篮球巨星，而篮球作为一种团体运动，仅凭一个人的努力是远远不够的，因此乔丹在结束篮球生涯时这样说道："别人眼中的我是屹立在世界篮球运动顶端的人物，但事实上这样的定义只会让我感到恐慌。因为篮球并不是一个人的运动，仅凭我自己是不可能获得这样的成绩的，我所得到的一切都多亏了队友的助攻和教练的无私教导。当然，球迷们对我的支持也是必不可少的。"

乔丹的话在他的球迷眼中十有八九是一种谦虚之词，一个站在顶端的人，怎么可能和队友相处融洽呢？又怎么会不被忌妒呢，但事实上，乔丹的队友并没有众人所猜测的想法，像皮蓬这样在NBA叱咤风云的人物甚至愿意做他的配角。为什么乔丹能够获得大家的喜爱呢？答案很简单，每次比赛的时候乔丹都以胜利为目标，而不是凸显自己，当他觉得传球助攻更有优势的时候会毫不犹豫地传球，即便当时的他甚至已经站在篮筐下了；而每次比赛胜利后乔丹都会和队友、教练分享成功的喜悦，分享成果，就是这种精神，让乔丹成为了公牛队的灵魂人物。

组织的成功往往不是一个人的功劳，而是成员之间彼此信任，相互合作，这才是一个和谐而完美的团队。也只有大家共同努力之后的成果才是香甜的。合作的意义确实很大，因为合作，人们彼此之间才能互相加油，互相鼓励，才能脱离劳累和寂寞，一起奋进，但前提是大家真心愿意为组织付出，而付出自然是毫无保留的，也就需要分享。

试想一下，组织若是获得了成绩，我们作为个人一定会有所收益，这就是我们和组织共同进步的结果，但从另一个角度来看，这是不是组织的一种分享呢？我们是组织的员工，拿着酬劳工作，那么为组织创造利益就是理所当然的事情，但组织有了成绩之后会和大家分享，难道这就不是一种无私的行为吗？

既然我们身在组织，就应该要紧随组织的脚步，和同事、上司与下属之间学会分享，分担任务，分享工作经验，分享劳动成果和成功的喜悦、荣誉等。常言道：“把悲伤分享给别人，我们就能少一半的悲伤；把快乐分享给别人，我们就能得到更多的快乐。”工作当中亦是如此，分担任务，我们的压力就减少了一半；分享成功，我们的成就感就能增加一倍。

如果你是一名领导者，那么就更不能吝啬于分享了，想要让员工和组织一条心，那就不要忘了荣辱与共，有难的时候需要员工的支持，同样荣耀的时候也不要忘了和员工分享；如果你只是基层的一名员工，那么你的成功也需要领导和同事来分享喜悦，另外你的分享行为一定会被领导看在眼中，那也会成为未来事业路上的“加分项”。

分享没有我们想得那么吃亏，因为我们的成功往往来源于团队合作，既然大家都出了一份力，那么我们就更没有理由独占劳动成果了。把理应分享的东西分享，我们除了做该做的事情，还会让同事和领导、下属对自己刮目相看，甚至以后会收到对方的成果分享，这样的好事，何乐而不为呢？

如果你的分享是有动机在里面的，那就算不上分享。但有些人会认为自己之所以对同事、领导或下属有些隔阂，实在是因为对方的为人或是工作等各方面让自己感到不满。如果因为这样就将对方试做“敌人”，也有些过激了。不管怎么说，大家既然同在一个组织，那必定是有同样的目标的，至少会有一些相同点，更何况，我们与对方之间缺乏信任也可能有误会夹杂在其中不是吗？到了这个时候，我们就该明白，要及时沟通，化解矛盾，增强彼此的信任。

有一个寓言，讲的是一个孩子第二天要参加毕业典礼了，于是和爸爸上街一起去买了一条新裤子。可是爸爸并不擅长这件事，于是买回来的裤子并不合身，孩子试过之后发现裤子长了两寸。

在饭桌上，孩子说起了爸爸买的长两寸的裤子，但是奶奶、妈妈和姑姑都没有吱声，但孩子知道，她们肯定是听到了。晚上吃过饭之后，大家都各自忙起了自己的事情，当一切忙完之后，妈妈就坐在灯下将孩子的裤子长出来的两寸剪掉了，然后放回了原处便去睡觉了。

晚上姑姑起夜，路过孩子的房间想起了他的裤子不合身，并且她不知道自己的嫂子已经处理过了，于是便拿回房间剪了两寸，然后将裤子放回原处。

到了第二天早上，奶奶因为醒得早，便想起了孙子的裤子，于是就到孩子的房间又把孩子的裤子剪去了两寸。就这样，那天吹着风，孩子穿着一条短裤参加了学校的毕业典礼。

很简单的一件事情，因为缺乏沟通，所以出现了问题。工作当中亦是如此，不管我们对周围的人有什么看法，都要先考虑考虑是不是我们和对方之间沟通不良，对方是否真的不值得信任。如果仅仅是沟通的问题，那么我们只需要加强与对方的沟通就可以了。

没有解决不了的问题，只有不愿意沟通的人，要知道，沟通是高效的前提。想要组织里一派和谐景象，就要和领导沟通，和同事沟通，和下属沟通，在了解自己的同时也了解周围的人，才算真正了解组织。这才是对组织最大的信任，同时也是分享的前提。

每个人都是组织的一滴水

组织是一个大家庭，一个人成不了组织，只有许多人聚在一起，共同努力，才能支撑起一个大的组织来。打个比方的话，组织就像是一个容器，组织的成员们则汇聚成了容器当中的水，要想融入组织，我们就必须是一滴水，而不是一滴油。

每个人都是个体，人与人之间也难免会有差异，但这并不代表我们无法与别人共处。既然在同一个组织中，那么组织当中的成员之间就有了联系，共同的专业，相同的领域，一样的目标就成为了共同点，那么我们就要学会和同事和谐相处，求同存异，这样才能让自己在组织里安身立命，开心地工作，也能凝聚力量，大家向着一个目标共同努力。

确实，每个人都有自己的本职工作，但这并不是说我们不需要周围同事的帮助，但是每个人都有自己的工作，别人又凭什么在你需要的时候帮助你呢？如果你认为这是对方的义务，那么身为组织当中的一员我们就有着同样的义务。在同事需要帮助的时候伸出援助之手，不要冷漠地拒绝，否则和同事的关系闹僵了，当我们需要帮助的时候就会没人来帮助我们。

一滴油在水中是无法下沉到核心的，若想真正融入组织，我们就必须爱自己的同事，不要在别人需要帮助的时候以工作范围为由将别人拒之门外，这样在我们需要帮助的时候同事才会伸出援手。

组织既然是一个大家庭，那么组织中的每个人就都是自己的家人，我们不能总是奢求别人的奉献，让自己置身事外。和同事和谐相处是顺利工作的一个基础，也是合作向前的前提，如果我们连和同事好好相处都做不到，那么又怎么可能与之为了共同的目标，全心全意地付出呢？

从组织的角度来看，自然是希望组织当中的成员们互敬互爱的，如果我们总是和同事保持距离，又怎么可能融入组织呢？或许有些人会说了："同事和我的目标既然相同，那么我们就是竞争对手！"事实上，很多人对同事抱有一种莫名其妙的排斥心理就是这个原因，但在社会上组织与组织之间尚且未有永恒的"敌人"，我们和同事之间又怎么可能没有合作的时候呢？

与同事和谐相处，是双赢的，你付出了真诚，那么对方自然也会回报给你真诚。但若是你想着法子推卸责任和工作，那么同事自然也不会吃"哑巴亏"，说不定你的这种推卸还会被领导看在眼里，到时候不要说在组织中风生水起，能不能在组织中顺利发展下去都是未知数。

小王是市场部的一名员工，有一天，他因为市场分析需要一份非常规的资料，这种资料并不是随手可以找到的，只有专门找人协助提供帮助才行。这个时候小王第一时间想到了销售部的赵经理。

找到赵经理后，小王表明了自己的来意，不过赵经理自己的工作也有点忙，他本想着忙完歇一会儿的，没想到杀出小王这么个"程咬金"。因为不想打乱自己的计划，于是赵经理说道："你找小李去吧，就说我说的，让小李给你找一份。"于是小王就去找了小李。小李听后很不高兴，他也不想做额外的工作，于是小李说："我这儿没有，还得花时间去找，这可不是我的工作范畴，你去找小刘吧，我记得他那儿应该有。"

小李觉得自己这么说把事情推掉了，又没有明确拒绝，也不会得罪人，于是非常得意。小王只能再去找小刘。小刘听完后皱着眉头说道："我这儿虽然有这份资料，但并不是原版，说不定会有出入啊。我记得我这份资料是赵经理给我的，我要是跟他确认更麻烦，你干吗不直接找他要呢？再说，我也不能随便传资料啊。”

小王不得已又回到了赵经理那里，说了不少好话，还给赵经理买了杯咖啡，赵经理才懒洋洋地把资料传给了小王。最后小王因为找资料浪费了时间，这份着急的市场报告他晚交给了主管，原来这是老板需要的！当老板知道事情的原委之后，生气地把销售部批评了一通，就连那些没有经手这件事的销售部员工也跟着受到了惩处。

这种事情也许并不少见，如果知道是老板需要的资料，那么故事中的那些人还会推来推去吗？说到底，不是命令，而是同事的请求，所以想着办法地推掉。看似圆滑聪明的做法，实际上只会把同事推离自己的身边，当自己需要与别人联手的时候，说不定没有一个人会愿意和有过“不良记录”的人合作。

虽然组织很大，分工也很明确，但总有些工作需要各部门之间的沟通，这种属于“灰色地带”的工作虽然可能不属于我们的工作范畴，但说到底都是组织的事情，既然是组织的事情，也就不分分内分外了，而我们做了，就能够获得同事的好感，在以后我们需要同事帮忙的时候自然也会容易得多。

有些人或许又要说了：“有些同事不是我不愿意帮，而是对方实在不值得帮。”确实，有些时候我们可能需要帮助的时候对方没有伸出援手，所以我们才会有诸多不满，当对方需要帮助的时候好像我们不帮也是名正言顺的。

但不看僧面看佛面，就算我们不愿意帮助对方，但他还是我们的同事不是吗？他还在为组织效力不是吗？既然如此，我们做的就是组织的事，那就是应当应分的。而且我们帮助了对方之后，下次对方必定也不好意思拒绝我们的求助了。

更何况，哪有人一身缺点，毫无优点呢？我们不能改变别人，但能改变自己。组织很大，每个人都不同，我们只要找到与对方能够相处的方式，那么就够了。金无足赤，人无完人，我们尚不完美，又凭什么要求同事完美呢？

其实，我们只要用欣赏的眼光看待对方，那么与同事相处就没有那么难。

简单来说，就是用望远镜看对方的缺点，用放大镜来看对方的优点。这于我们而言也是大有裨益的，毕竟一个良好的工作环境是保持良好工作状态的基础。

而且说到底很多人并不是有多么不能原谅的缺点，只是性格和我们不太一样罢了。对于这样的同事，我们给予一点理解又有多难呢？对于性子急的同事，我们就调整一下步调配合对方；慢性子的同事我们就多拿出一点耐心，等等对方，权当放松了。只要步调一致，同事就成了我们的战友，多一个战友总好过一个敌人。

当然，领导同样是组织当中的一员，比起不断地抱怨领导这不好、那不好，我们多一点理解，多一点坦诚，那么我们和领导也就站在同一个战线上了。虽然工作不是战场，但我们若是能够与组织中的人和谐共处，那么组织就会拥有一股凝聚力，大家一起发力，才能让组织这艘大船扬帆起航，我们才更容易实现自己的人生理想。

而实现这一切，只需要我们融入组织，爱组织的每一个成员。如此简单直白，何乐不为呢？

第九章
一朝在船，不辱使命敢担当

工作，不仅仅是谋生，更是一种使命。不管我们身在组织的基层还是顶层，在其位谋其政就是我们义不容辞的责任。我们有义务为了自己的工作，为了组织倾尽全力，也有必要修己正身，成为组织的表率。我们为了组织做一切的事都是有必要的，因为，那是我们的使命。

在其位，就当谋其政

在一个孤岛上，有一个灯塔。有一天，一群游客到岛屿上参观，发现了老旧的灯塔。一群人抱着冒险的想法进入了灯塔。在他们看来，这个塔应该被遗弃很久了，但是当他们进入灯塔之后，却被吓了一跳，原来灯塔里面有一个白发苍苍的老人！

一时间，大家都愣住了，他们没有想到这个灯塔当中竟然还有灯塔工。于是他们和老人聊了起来，通过聊天，他们知道这个老人已经在这个灯塔中兢兢业业过了三十多年了。但是在叙述这件事的时候，老人的语气非常平静，一点都没有抱怨的想法。

于是有个人好奇地问道："您一个人守着这个荒岛，这个孤塔，难道就没有寂寞和孤独的时候吗？而且您这么大岁数了，还要在灯塔爬上爬下，工作未免也太单调辛苦了吧！"

老人听了游客的话之后也没有表示赞同，就连情绪都没有一点波澜，他眺望着远处的大海，说道："每当我在黑夜中看到在前行的船只因为我的指引找到方向时，我的心里就像是有了一个灯塔。也许这件工作在你们看来枯燥又没有挑战。但我是一个灯塔工，这就是我的工作，也是我的职责所在。我的义务就是为黑暗中的船只指引方向。”

在组织这艘大船上，每个人都各司其职，这样组织才能扬帆远航。每个人在组织当中都有属于自己的位置，自然也就有了一份属于自己的责任。再大的船也只有一个船长，所以每个人想要为组织效力并不一定要成为船长，只要我们做好分内的事情，就帮了组织的大忙了。

工作不仅仅是我们谋生的工具和饭碗，更是我们的一份事业，一种使命。不管我们身在什么职位，都对应着某种责任，因此尽心尽力去工作，才是对我们所在职位的一种证明。只是有些人总喜欢对工作挑挑拣拣，觉得自己没有居高位，工作就没有必要那么卖力，那么拼命，差不多就可以了。可实际上，我们每个人的潜力都是巨大的，今天的我们或许身在基层，但若是我们不辱使命担当，那么早晚我们会进入领导层，带动组织的发展。当然，这一切的前提是你要表现出自己对工作的认真负责。

换一个角度说，做好一份工作不是我们可以选择的，而是必须去做好的，因为这是我们对应的一种责任。既然组织给了我们这个位置，那么我们就应该要为了这个职位上的工作奉献自己的一切，竭尽全力做好工作，这才是我们的职责所在。

不管我们做什么工作，身在什么岗位，都要带着一种刻苦、负责的态度去对待。这样我们才能获得领导的青睐，获得事业上的成功。就算不看结果，看眼前，我们也应该要尽心尽力，因为这是我们的义务所在。

王师傅是一家公司运输队的普通司机，他的任务就是将货物运送到各个地区。作为一名普通的驾驶员，王师傅尽心尽责，第二天要出车，他前一天绝对不会喝酒，而且会早早休息，因为安全运输是他的责任。

王师傅是运输队的老司机了，他当驾驶员已经十几年了，他的同事很多都厌倦了这种没有“奔头”的工作，只有王师傅认认真真地做着自己的工作，早上他早早起床，晚上有时还要开夜车，但他一次都没有抱怨过，即便他很少有完整的休息时间。

除了运送货物之外，王师傅还非常认真地保养着货车，出车回来后他总是把自己开的车收拾得干干净净。出车前也总是再三检查货物有没有绑好，有没有超重，等等，即便有专人去做这件事，王师傅还是要再检查一遍。而且为了节省成本，不管回来多晚，他都会把车开回公司，然后自己再坐公交车回家。

在路上，王师傅也是开车最平稳的。哪怕是在家里吃饭，提前接到用车通知，王师傅也会放下饭碗赶到公司去。当运输队队长退休之后，王师傅便成为了新的队长。

在工作当中，我们总是想付出最少，获得最多，付出的甚至少于自己职责应该去做的。王师傅只是平凡岗位上的一个员工，但是他却从来没有因此而懈怠过，在他看来，这一切都是他职责所在，因为作为一名司机，他应该要为自己所做的这份工作负责。

责任重于一切，但人们往往意识不到这一点。当工作不想尽心尽力的时候，便将一切推脱给兴趣，认为工作不是自己的兴趣所在，所以很难付出全力。在这一点上，美国证券界的风云人物苏珊用自己的实际行动告诉大家——工作是工作，兴趣是兴趣。苏珊一直非常喜欢音乐，但是却在机缘巧合下开始了经济管理方面的工作。当人们认为她兴致在此的时候，她这样告诉别人："不管喜欢不喜欢，都是需要面对的，因为工作就意味着你的责任。"

实际上，大部分人都从事着和兴趣无关的工作，但这些人当中不乏成功人士，之所以能够成功，全在于一种使命感，因为在这个位置，所以行动就应该匹配得上这一切，就应该要在这个位置上尽心尽力，这是一种最基本的职业素养。

这样想来，工作其实并没有我们想象中那么困难，想要做好一件事，尽心尽力就可以了。很多时候，我们不是没有办法尽力，而是不愿意去尽力。如果我们带着这样的态度工作，那么又怎么可能升职加薪呢？

从组织领导的角度来看，能够成为自己左膀右臂的人必定是有能力胜任的，而这种能力表现在对自己的本职工作尽职尽责，能够把本职工作做到最好的人，无论给他什么样的工作，他都可以尽心尽力去完成。因此，我们若想要在组织当中走得够远，就必须认识到我们所在职位的使命。

在工作的时候，我们断然不能推卸责任，或是推卸本该属于自己的工作内容。要知道在其位就该谋其政，正是理所当然的。因此，我们首先必须要明确自己的责任，知道自己的这个职位意味着什么，我们有着怎么样的价值和使命。我们的工作如果没有做好，会给周围产生多大的影响，了解了这些，或许我们在工作的时候也该努把力了。

我们既然身在组织，既然有了一个位置，那么我们就有相应的价值，即便我们是基层的员工，也不能轻视自己的工作，因为轻视自己的工作就是对自己的一种否定。我们要清楚，我们对组织是有价值的，否则我们不会被组织所收容，同时我们也是有前途的，否则组织不会培养我们。若是觉得自己无关紧要，那么就不要责怪组织轻视了我们。

威廉和卡特都同为一个小学的音乐老师。在就业困难的年代里，学历高也不一定能够找到好工作，在这个时候能够进入小学当音乐老师，威廉已经非常知足了。但卡特不这么认为，他觉得自己学了多年的古典乐，才不是为了教育一群连钢琴都不会的小孩子。

于是威廉每天带领着孩子们唱儿歌，用自己的小提琴伴奏，引导孩子们爱上音乐，然后再给孩子们教授古典乐的美妙之处，渐渐地，威廉的学生们都喜欢上音乐了。而卡特则在音乐课照本宣科地读书，根本不管孩子们有没有听懂，甚至有没有听。孩子们交头接耳他也不管。

后来，威廉培养出了一支合唱队，并带着孩子们去进行了比赛，而卡特则因为没有任何尽职之处而被辞退了。甚至在被辞退那天，卡特还不知道自己这么优秀的音乐“大师”为什么会被一个小学辞退。

工作的责任并不仅仅是表面上的工作内容那么简单，我们应该明白我们的工作和职位在组织当中发挥着怎样的作用，对自己的工作有了最深层的认知，才能做到百分之百的努力，才能一门心思地做好自己的工作。

别再抱怨自己的领导看不到自己，平台不够大了，我们要想想，自己是否真的尽到了应尽的责任，是否不辱使命担当？如果答案是肯定的，那么我们只需维持现状，因为成功已经准备就绪，在前方等着我们了。

没有金刚钻，莫揽瓷器活

对于很多职场人来说，内心深处都藏着一个“将军梦”，拿破仑说过：“不想当将军的士兵不是一名好士兵。”因此想要在组织当中成就自己的事业，就必须有成为“将军”的野心。但是我们要明白，“将军梦”是我们的目标，在这个目标达成之前，我们都不是将军，所以应该做好自己分内的事情，对于不属于自己分内的事，若是力所能及的我们可以去做，查漏补缺这种可以做，但是越权的事情，替代领导作决定的事情，我们万万不能做！

当然，我们都希望自己在组织中有一些决定权，但事实上，能够掌控大局的必定是少数人，领导之所以能够成为领导，那肯定是他有自己的能力，而我们充其量只有成为领导的潜力，并没有比领导更强的实力，否则现在的我们已经身在领导的位置了。

因此在组织当中学会补位也不能越位，毕竟没有人喜欢自己的工作被一个不在这个领域的人指手画脚。

在曹操手下有一名叫作杨修的人，当时的他负责一些统计和记账之类的工作，类似于主管一类，这种工作做得好自然会得到重用，但杨修有一个喧宾夺主的毛病，总喜欢耍一些小聪明，以展示自己的能力出众。有时候甚至曹操的话都没有讲完，他就表示自己完全理解了。

有一次曹操修建自己的宅院，修好后曹操去检查，看了一圈之后就提笔在门上写了一个“活”字，然后就离开了。人们不知道什么意思，杨修便得意地说道：“门里有‘活’，是一个‘阔’字，主公觉得门不够排场，要再扩建。”就这样，门被拓宽了。曹操看后非常生气，说道：“没有看懂为什么私自作决定？我的意思是财不外露，要把门修建得小一点！”

一次做错之后，杨修并没有因此而收敛。又一次，曹操收到了进贡的一盒酥糖，于是在盒子上写了“一合酥”，杨修看到后，便找来一群官员，说道：“大家都来吃吧，主公要大家吃糖呢！看，主公写的意思是‘一人一口酥’。”

曹操知道之后非常不高兴，虽然他确实是这个意思，但他并不满意杨修这种做主的态度。不过生活中的事情他还是睁一只眼闭一只眼了。直到汉中之战的时候，曹操不得不对杨修起了杀心。

当时曹操一方失败已成定局，看着厨师端过来的鸡汤，曹操忍不住感叹道：“唉，鸡肋啊鸡肋。”恰巧，杨修听到了，于是马上在军中宣布：“大家赶紧收拾行囊，准备退兵吧。”

大家听后便开始收拾，当曹操知道消息后非常愤怒，质问杨修：“你怎么敢自己做主撤兵？”

杨修一点悔改的意思都没有，反而振振有词地说道：“您感叹鸡肋，鸡肋不就是食之无味，弃之可惜吗？您既然用它来比作汉中，那么就是说这场仗打下去也没有什么意思了，不就是要撤兵吗？”

其实曹操对于要不要继续打仗还有犹豫，但杨修自作主张，还是让曹操非常恼火，于是一气之下下令杀了杨修。

在工作中，展示自己的能力与展示自己的雄心是两回事，如果是现在的职场，你身为领导者，有杨修这样的人在身边，你会觉得轻松吗？肯定会非常愤怒，因为他做了越权的事情。杨修有的猜测没有错，但错就错在他没有向曹操报告，看曹操的意思究竟是不是这样就自作主张，若是真的因为他自作主张而出了问题，那么担责任的时候是杨修负责还是曹操负责呢？

任何一个领导希望的左膀右臂都是为自己分忧的，而不是替代自己的。在组织当中，我们也应该注意这一点，为领导分忧和越权是两回事。如果领导下达了某项命令，我们需要做的是执行，有疑问的话我们要问领导，得到允许再去做，如果跨过了领导这一环，真的出了问题那就是组织的大问题了。

没有金刚钻就别揽瓷器活，我们有多少能力就用多少能力，超过我们能力范畴的事情没有必要逼着自己去做，自以为展示了能力，实则是给领导添了麻烦。既然领导在领导的位置，那么就有他的责任与义务，我们若是做了逾越的事情，那么功劳归谁？责任又归谁呢？

我们都是组织的主人，是我们要替组织思考，而不是越过领导替组织做主。即便我们觉得自己能力足够，但只要没有身在那个位置，我们就不能百分之百说自己对别人的工作了如指掌，毕竟每个人都有自己的工作范畴，在别人的范畴当中我们不可能做得比别人更好。

其实不仅仅是我们不能做领导的主，就连同事之间也要注意工作领域。当然，这并不意味着我们要和同事划清界限，只是说我们在工作的时候如果涉足了同事的领域，要注意和同事之间的配合。如果同事没有要求帮助，我们自作主张做了别人的主，那么可能会给同事带来麻烦，如果同事请求我们帮助，我们当然能帮就帮，但也要看看自己的能力是否能够胜任，否则我们就会越帮越忙，不仅仅给同事添了麻烦，也给自己增加了不必要的麻烦。

张欣是一个热心肠的姑娘，进入职场之后，她很快就成为了办公室里的红人，只要别人张嘴，她一定会帮忙的。因为良好的人际关系和绝佳的工作能力，张欣很快就结束了试用期，没过几个月，就从行政助理升职到了专门的行政人员。升职之后，张欣觉得得益于自己平时的努力，所以她决心这样继续做下去。

不过有时候张欣插手别人的工作还是让同事感到有些头疼，但鉴于她是一片好心，也就没有说些什么。在办公室当中资历比较老一点的杨姐劝道：“小张啊，乐于助人是好事，但是有时候好心也会办坏事。你说你把别人的工作做了，那么要别人来做什么？同事心里会怎么想？再说了，你现在升职之后事情也多了，不要再那么热心主动了，同事如果需要你帮忙的话，自然会来找你的。”

张欣听后觉得没错，于是她不再随意插手别人的工作，而是专注于自己的工作，有同事需要帮忙的时候她再出手。很快，张欣又恢复到了以前的人气。不过张欣也发现随着自己能力的发挥，经理给了她越来越多、越来越重要的工作，这让她有点应接不暇。

这天，同一个办公室的小丽又来请求张欣的帮助了：“欣姐，有一个文案需要做，里面有很多数据，可是我家里有事，怕是没办法做，你能帮我吗？很急，明天就要呢。”

“哦，行，你放在这儿吧。”由于自己手里有事情，张欣头也没抬地一口应了下来。当她忙完一部分事情之后，发现需要整理的文案非常耗费时间，可是她也有许多事情很急。只是她觉得自己答应了别人再出尔反尔不好，再加上她从来没有拒绝过别人，如果说自己办不好，无疑是对自己能力的否定。于是她硬着头皮开始做，熬了一个晚上没有睡觉。没想到，第二天文案却出了问题，因为着急里面的数据错了，客户因为错误的数据而产生了误会，拒绝与公司合作了。

经理知道真相后非常生气，说道：“张欣呀张欣，你怎么这么糊涂？别人的工作你为什么要接手？做不完你可以找我来处理啊！你看看现在要怎么收场。”张欣觉得很委屈，明明自己耗费了时间精力，还遭了埋怨。

如此看来，张欣并不算委屈。因为她没有足够的能力去应对眼前的情况，却自作主张勉强自己，最后不仅没能给自己加分，反而给组织造成了更大的损失。在职场上，我们不能太过急功近利，也不能急于求成，进步是一点点来的，自然成功也是一点点靠近的，为了证明自己而勉强去做一些自己做不好的工作，最终反而会给自己带来负面影响。

每个人在组织当中都有自己的位置，我们要明白自己能够做什么，不能够做什么。即便我们有无限的潜力，但是在有限的精力面前我们还是要谨慎一些的。别人的工作就交给别人去做，如果我们做不好自己本职工作还去帮助别人，那就是本末倒置。至于同事需要帮助的时候，如果我们有心有力，那么就不要吝啬帮忙，但若是我们觉得勉强，要记住，这种时候拒绝才是对对方最大的关怀。

发挥全部能量，不辱使命

如果让你给自己的工作打分，你会打多少分？也许满分极少，人们或多或少都对自己的工作有着不满。但如果让你给工作中的自己打分，你又会打多少分呢？也许也没有太多的满分，因为大部分人在工作当中都是有所保留的。

其实，我们在面对工作的时候，只有发挥全部的能量才算对得起自己的工作。工作不仅仅是雇佣与被雇佣的关系，更是一种神圣的使命。什么是工作？连个垒墙的工人，问他们在做什么，一个回答在垒墙，那么他就只是机械地做着别人命令的事情，但另一个回答在工作，那么就是一种对工作认识的升华。

因为在这名工人眼中他做的不是简简单单的机械运动，而是在为组织付出努力，这就是所谓的使命感。无论你身在什么职位，做着什么样的工作，你都应该知道，自己是一个肩负使命的人。一个拥有使命感的员工，自然是一名优秀的员工，若是缺少了使命感，那么从组织的角度来讲，这个员工即便能力超群，也不可能为组织尽心尽力，因为这样的员工永远是自私自利的。

使命感强烈的员工，往往具有主动性，在工作当中无须领导的监督和检查，这样的员工总是有着超强的自控力，可以把持住自己，知道什么时间应该做什么事。工作永远高于一切，做的一切都是为了将工作做好，而不是为了薪酬或者什么表彰。

有些人或许会说，我工作就是为了糊口，若是每个人都有这样的想法，那么不说组织当中，就连我们的生活都将举步维艰。医生若是没有使命感，那么在诸如“非典”等可怕的传染病来临之时，就没有人会站出来对病人施以援手了。如果警察没有使命感的话，那么在我们遭遇危险的时候，也就不会有人奋不顾身地解救我们。可见，使命感是一个合格员工的基本条件，若是没有使命感，很难在职场上立足。

只要我们扮演了组织当中的一个角色，那么我们就要全身心地投入其中，使命感不是言语来表现的，需要的是我们的行动，需要的是我们尽心尽力完成工作的结果。使命感是非常崇高的，能够担当大任的，永远是具有强烈使命感的人。

那么，使命感究竟表现在哪些方面呢？一个具有使命感的员工，他的字典中永远没有不可能，无论是多么困难的工作，他都有绝对完成的信念，在这种信念的指引下，他会发挥自己的全部能量。

每年的“感动中国十大人物”评选出的基本都是一些我们眼中的“平凡人”，但是他们却做出了许多不平凡的事。在2005年的“感动中国十大人物”当中，有一个叫作王顺友的马班邮路投递员。

他的工作范围是四川省凉山彝族自治州木里藏族自治县。而所谓的马班邮路就是用马匹驮着邮件按班送投的邮路。对于一些生活在城市的人来说，甚至于生活在乡村的人来说，这种投递方式都已经很陌生了，但木里因为闭塞，所以只有这一种方式。

木里藏族自治县就在青藏高原边上，因为地广人稀，群山环抱，所以这里90%以上的乡镇都没有电话和公路。这里的人想要和外界联系，就只能通过邮件。除了县城有比较好走的路之外，15条邮路都是马班邮路，更加糟糕的是大部分邮路都在海拔4000米的高山上。

基于这些条件，邮递员这种“铁饭碗”在木里就成了“苦差事”，但是王顺友从来没有辱没过自己的使命，强烈的使命感让他竭尽全力完成艰难的工作，不管什么困难，他都会想办法去解决，以确保邮件能够送到目的地。因为是马班邮路，加上投递路线很长，所以一个班期就有14天，而且一个月要走两班。这也就是说，一年当中有300天王顺友都在送邮件的路上。

为了送邮件，他要翻越几千米的高山，而其中的察尔瓦山甚至一年中有半年时间都被冰雪所覆盖，翻越高山之后，他还要穿过河谷，路上还有很多原始森林和沟沟坎坎。冬天的时候，他就像是一个行动的“雪人”，到了夏天，他就成了“泥人”。他的工作让他连饭都没有办法好好吃，只有糌粑面。路上渴了就喝泉水或是雪水。至于晚上，运气好的时候也许能找到栖身的山洞，但大多数时候他都只能在树下或草丛中睡觉，要赶上下雨天他也只能淋着雨水睡觉。而且还睡不踏实，因为下雨的时候也许会有突如其来的自然灾难。

有一次，在他路过白杨坪的时候，因为暴雨，邮路被冲毁了，马匹因为失足而跌入了悬崖，他为了拯救马匹也掉了下去，如果不是下面有一棵大树挡住了他们，恐怕也就没有接下来的故事了。虽然大树救了他一命，却让王顺友头破血流。但是王顺友说最可怕的不是路上的艰辛，而是长时间的孤独。在地广人稀的地方，好几天都可能看不到一个人，尤其是夜里，山中黑暗无光，又静谧可怕，甚至还能听到远处的狼嚎声。每当这时，他都会想到家中年迈的父母、幼小的孩子和一直操劳的爱人。想到这些，他一个汉子也总是忍不住掉眼泪。每当这时，能够拯救他的就只有酒，也只有因为醉酒才能睡上一个安稳觉，因为他知道，为了明天赶路，自己就必须要睡觉。

虽然那里十分落后，但还不至于无法糊口，所以王顺友并不仅仅是为了养家而从事这份工作。如果仅仅是为了饭碗，他早就无法坚持了。之所以他一直干下来，还是邮路传达给他的使命感所致。

在采访的时候，王顺友这样感慨道：“每当我将邮件和报纸交给乡亲们的时候，他们那种高兴的样子就像是过年。他们体谅我的辛苦，还常常留我在那里吃饭。每当这时，我就感觉非常温暖，觉得是自己在做一件最最重要的事情。”

每当王顺友送到的报纸有什么关于西部开发之类的好消息时，王顺友都感觉到由衷的幸福，因为这么振奋人心的消息就是他带来的。这也让他认识到自己的工作究竟有多么重要，肩负的又是多么特殊的使命。这种使命感让王顺友无论何时都不曾丢失过一个邮件，什么时候他都把邮件背在身上，下雨的时候他就把邮件藏在怀里，宁可自己淋得湿透，也不让邮包有一点点损失。

有一次，王顺友在通过溜索的时候，没有想到溜索的绳子突然断裂，他就这样摔了下去，幸好摔到了沙滩上，但是邮包却掉进了水流湍急的江水里。王顺友什么都顾不得，就冒着危险进入了齐腰深的江水中。当他把邮包拿上岸之后，别人都奉劝他不要这么拼命，王顺友却说：“邮包比我的生命金贵多了，里面可都是政府和乡亲的东西。”

就是这样的一种使命感，支撑着王顺友度过了20年，他的行程相当于21个长征，他走过的路足足可以绕地球五圈！而在漫长的20年当中，不管遇到什么危险，王顺友都没有丢过一份邮件，延误过一个班期！

对于那些有着强烈使命感的人而言，他们只是完成了自己的工作而已，其中的艰辛也只是一个过程，没有惊天动地和豪言壮语。与这样的人相比，我们又当如何呢？完成一项工作是我们义不容辞的责任，是我们光荣的使命，即便我们的工作很平凡，但只要我们竭尽全力去完成，定当做出属于自己的事业来。

修己正身，人人争当表率

使命感，是一种现代职业精神，拥有职业精神的人，往往是组织当中的精神领袖。对于一部分员工而言，每当有人觉得他做得不够好的时候，他总是能够找到一个比自己更差的对象来说明自己没有那么糟糕。实际上走了这一步就已经非常糟糕了。

不知从什么时候开始，职业精神成为了一种竞争力，而实际上，职业精神应该是每个职场人应该具备的基本条件。从某种角度来说，现在一些人缺乏职业精神，正是我们力争上游的好时机。之所以这样说，是因为我们若是能够修己正身，培养自己的职业素养，那么在职场当中我们就具备了竞争优势。

能力是一种竞争力，但是不管在哪里，失业者都不乏一些才华横溢的人。他们为什么有能力却面临着淘汰呢？很显然，他们空有能力，却没有一个良好的态度，不管在哪个组织，都对组织有很多不满，觉得平台不够大，或者待遇不够好，怎么都觉得组织亏待了自己，自己没有必要竭尽全力去做好工作。换句话说，就是除了对自己要求低之外，对什么都要求甚高，甚至达到吹毛求疵的程度。

哪个组织愿意供养这样一个有能力却不为组织效力的人呢？从这个角度来看，这些人被淘汰掉也就不是什么难以理解的事情了。做好工作，是我们的使命，丢失了这种使命就是扔掉了职业精神，自然无法走得更远。那么要想在组织当中具有竞争力，除了提升自己的专业技能外，我们又该培养自己的哪些素养呢？

首先，我们必须要有基本的职业观念和职业态度，我们要明确自己所做的工作究竟是什么，我们要遵守什么样的纪律和道德，我们的工作对组织有什么作用，以此为基础，培养自己良好的职业作风，坚守自己的岗位，做好分内的工作。当然，我们也要明确自己的发展方向是什么，然后稳步向前。这是一个职场人应该有的基本素质。

在工作当中，我们或许会有疲惫或是厌烦的时候，情绪是会根据我们的调整而发生改变的，同样地，若是我们放任的话就会扩散。当我们对工作感到不满的时候，放任自流，那么这种不满就渐渐扩展成为对整个组织，甚至对未来的一种怀疑。而且在消极情绪当中我们看周围的一切也都会变得消极，为什么别人工作可以轻轻松松混日子，我们就非得身心俱疲？如果组织当中的每个员工都抱着这样的想法，那么组织是很难平稳发展的。反过来说，如果我们带着使命感去工作，那么我们的参照物就不会再是那些工作不够努力的人，我们会不断调整自己，而这样的员工往往能够释放出一种正能量，影响周围乃至整个组织。试问哪个组织会对一个优秀的员工置之不理呢？

所以说，不管别人怎样看待自己的工作，我们需要负责的是我们自己，修己正身，保持一种良好的工作状态，那么我们就会成为组织当中的表率，也是组织文化当中的灵魂人物。当然，对组织有利是必然的，但对于我们自身而言，同样是非常有利的，一个良好的工作状态，能够让我们时刻保持好心情，另一方面来说，我们展现出积极向上的一面，负责认真的一面也会被领导重视，这是我们发展当中非常重要的一环。

王长荣是一名普通的环卫工人。在2010年的冬天，北京迎来了60年来最大的一场雪。持续一天的降雪把整个北京都装点成了漂亮的白色。但看上去美丽的景色却影响了人们的正常生活。元旦假期过后，人们都要工作走动，而冰天雪地的环境自然是对城市交通的巨大考验。

为了保障人们的出行安全，北京启动了红色扫雪铲冰的预案，于是包括王长荣在内的两万名环卫工人就忙碌起来了。他们从1月2日夜晚开始，一直到1月4日早上8点，不眠不休地奋战了两个通宵，一直在重要的路段撒融雪剂，然后除雪。对于不停的雪而言，去除一点还会降落，所以铲雪的工作不能有丝毫懈怠。经过了长时间的奋战，最终保证在人们结束元旦假期后主要路段可以畅通无阻。

虽然从结果来看并没有什么特别，但铲雪的艰辛只有环卫工人知道。因为这场暴雪持续时间很长，加上当时气温非常低，使得降雪很快融化结冰，这无疑给除雪工作造成了很大的困难，环卫工人们的工作环境就更不用说了。

王长荣的工作范围在东城区，他参与了四天四夜的清雪工作，当工作结束了，5日凌晨他因为突发脑溢血而陷入了昏迷当中。1月2日当天，所有人都在家中享受假期的时候，王长荣就因为紧急命令而从昌平赶到了东城区，并不是领导催得紧，而是在他20多年的环卫工作当中，第一时间做好准备已经成为了他的一种习惯。

王长荣所在的工作点在除雪工作当中需要负责25条街道，9条过街天桥以及98万平方米的地域。平均到每个人身上，都需要完成八九千平方米的除雪工作，劳动强度可见一斑。更加糟糕的是温度低使得雪很快结冰，而且很多死角大型机械都无法清除，这种时候就只能用铁锹、铁铲进行清除。这样高强度地忙碌了四天四夜，任谁都不可能一点疲惫感都没有。

王长荣在脑溢血住院之后，抢救了5天，终于脱离了生命危险。这时人们才知道，王长荣本身就患有高血压，四天四夜的劳累加上恶劣的环境，才导致了脑溢血的发生。王长荣并不是正当年的年轻人，身体本身又不好，可是他却在第一时间服从命令，站到了清除积雪的最前线，并没有因为身体不佳而找任何借口。

事后，王长荣的同事们表示，他一直都是这样敬业，每次外出清扫，他总是最后一个回来，把自己的事情做好之后才下班，而且他并不是一个巧舌如簧的人，沉默寡言的他总是默默地做着自己的工作，但是他的努力、对同事的体贴却是大家亲眼看见的。有时候王长荣下班晚，为了不影响其他同事的休息，甚至会在宿舍里坐着睡一晚。很多同事都因为王长荣的这种敬业精神而感动不已，也纷纷效仿。

但是王长荣却并没有因此觉得自己有多么与众不同，他说："我虽然只是一名普普通通的环卫工人，但是我很喜欢我的工作，在这个岗位工作了27年，我并没有想过荣华富贵，我只是想要给市民创造一个良好的环境。"

王长荣这样的员工虽然身在平凡的岗位，却散发出了满满的正能量。其实，我们是否能够在一个组织当中发光发热，与我们所在的位置没有关系，与我们拿的薪水也没有关系，关键在于我们的精神能不能感染身边的人。

一个发展平稳而快速的组织，其员工肯定是充满活力的。如果员工们都比着谁更逍遥，不去在乎自己的工作怎么样，那么这样的组织内也一定是满满的负能量，这样的组织即便再大，也是摇摇欲坠，维系不了多久的。

职业精神，并不是居高位才有的，任何一个职业，任何一种工作，只要将其当作自己的使命，那么每个人都能够成为组织当中的表率。我们或许没有在领导的位置，但我们若是能够修己正身，做好自己分内的工作，积极向上，散发正能量，那我们就是组织潜在的精神领袖。

以昨天的自己为参照物，不断提升自己的专业能力，努力做好自己的工作，提升自己的职业道德。如果你做到了，那么真正的获益者一定是你本人当先！

第十章

享受航行，苦中能作乐

航行是浪漫的旅程，即便路上可能遇到风雨和危险，但在看到美丽的日出日落时候，我们就会发现，过程虽然艰辛，但回忆总是美好的。人生有起伏，工作自然也会有起伏，只要我们有一个积极的心态，就能更好地投入到工作中去，体味苦中作乐的幸福。

摆正心态，积极投身到工作中

在职场中，我们也许时常会听到关于工作的抱怨，比如“又加班，实在是太累了。”或者“升职加薪指不定何年何月，我还是换个地方吧。”等等。有时候，我们也可能就在抱怨的行列当中。难道我们的组织真的这么差，我们又真的没有办法胜任吗?

其实对于工作这件事来说，能不能做是能力的问题，愿不愿意做是我们的态度问题。很多工作我们没有做，往往就是态度问题所致。如果我们只是能力不够，却有着一种完成任务的渴望，那么我们就会为了完成这项工作而提升自己的能力，不断学习、研究，直至将任务做好。但若是我们不愿意去做，那么不管我们的能力有多优秀，我们都很难将事情做好，甚至很难将任务完成。

其实，工作是固定的，有困难的工作也有简单的工作。对于那些不愿意工作的人而言，简单的工作就是不具备挑战性，不值得去做，而困难的工作又成了强人所难，总之这样的人总有不好好工作的各种理由。说到底，都是态度的问题。如果我们热爱自己的工作，享受自己的工作，那么简单的工作对于我们而言就是调整和放松，困难的工作对于我们而言就充满了冒险的刺激和喜悦。

态度决定一切。如果我们没有一个正确对待工作的态度，那么不管我们在各个组织之间兜兜转转多少年，都不可能找到理想的工作，更不可能实现自己的事业目标。摆正心态，积极面对工作，我们才能认真，才有超越。

陈天桥是盛大网络的董事长，在20世纪末他从复旦大学毕业之后，首先被分配到了一家公司工作。不管是工作还是学习，陈天桥都习惯于全身心投入。也因此，在学校的时候他是优秀的提前毕业生，在公司，也是人们眼中的“拼命三郎”。

进入公司，自然是为了成就自己的事业，但是让陈天桥没有想到的是，进入公司之后他的第一项任务竟然是在一个小屋子里放映集团的纪录片，而且这项工作一干就是10个月。这种枯燥的工作甚至于没有人能够聆听陈天桥的理想，单调的工作让他无从发挥自己的能力，展现自己的优秀。也是这个时候，一直处于优等生的他感受到了现实的残酷。

强烈的落差感让陈天桥感到委屈，毕竟他是一个跳级生，他跳级也不是为了做这种工作的。如果是这样的情况，或许谁都会选择离开，但是陈天桥虽然觉得寂寞，但还是决心好好工作，磨炼自己的意志力。于是他静下心来踏实工作，余下的时间里他就通过阅读管理书籍来排遣寂寞。正是这段沉寂的日子，让陈天桥幸运地避开了年轻专属的好高骛远和不踏实。

在这段日子当中，陈天桥也想明白了一件事，就是不管自己的抱负有多么远大，想要有所成就，那么就要去适应这个环境，而不是强迫环境适应自己。在陈天桥成功之后，他也认为10个月的放映录像工作对他的影响是延伸到整个人生的，对于大多数有远大抱负的年轻人而言，毕业之后优先都考虑想要做什么，而陈天桥却明白比起想要做什么更重要的是应该要做什么。

20个月过去后，陈天桥所在的公司有一个干部挂职的锻炼机会，或许是被陈天桥不急不躁、安心工作的态度所折服，领导将这个宝贵的机会给了他，陈天桥就成为了一个挂名的副总经理。

施展才能的时刻到了，陈天桥开始大刀阔斧搞改革，也是从那一天开始，陈天桥的事业开启了大门。

陈天桥虽然只是一个个例，但却代表了很多成功人士。那些在组织当中居高位的人也并非生下来就是天生的领导者，他们也是经过了漫长的奋斗，不断磨砺自己的意志力，调整自己的步伐，融入工作，之后才实现了自己的人生目标的。

伟大的种子往往是平凡当中孕育的，我们如果将自己的工作看成是事业的起点，那么我们的明天就无限灿烂，但若是我们将工作看成一生的状态，那么我们就只能被工作所奴役。态度决定一切，我们如何对待工作，工作就会如何回馈我们。

确实，在工作当中总有疲惫的时候，但是，我们如果沉醉于疲惫当中，就会越来越消极。摆正心态，看看疲惫之后的果实，是不是就多了一些希望和成就感呢？我们需要做好眼前的工作，但并不表示我们没有明天，如果总是想着未来的日子担惊受怕而无暇顾及眼前，那么未来的噩梦就会成为现实。若是我们不去胡思乱想，安心投入到工作中，那么你就会发现，自己的人生之路越走越宽，成功离自己也就越来越近。

从组织的角度来说，一个能干的员工并不仅仅是能力上的超群，更是态度上的端正。著名的企业家杰克·韦尔奇的“框架理论”当中就提到了这部分的内容，在他的框架当中员工可以分成四种，即德才兼备的人才、有德无才的员工、有才无德的员工以及无才也无德的员工，才指的是能力和才华，德则是一种职业道德，也就包含了工作态度。

任何一个组织如果选择员工的话，第一备选肯定是德才兼备的，若是只有有德无才或者有才无德的人选，那么百分之百的组织都会选择前者。因为工作能力可以提升，但态度若是不好，那么能力再强也不会真心为组织付出。

由此看来，我们的态度才是最重要的。而态度往往由我们的心态来决定，我们觉得组织在剥削自己，工作在奴役自己，那么我们就不可能真心实意为组织效力。但如果我们把工作看成自己事业的平台、基础，那么我们就会努力做好自己的工作，以求得到更好的发展。也许现在的我们还没有身居要职，但是这并不代表我们未来不能有所成就，如果总是担心这、抱怨那，那我们的心就会一直处于浮躁当中，很难静下心来去工作，这样对组织是一种成本消耗，而对于我们本身，则是影响心情、阻断未来。

真正良好的工作状态应该是没有在工作，也就是说当我们不把工作当任务，而当成一种乐趣的时候，往往是我们最投入的时候。爱迪生说过：“在我的一生中，从未感觉在工作，一切都是对我的安慰。”如果我们觉得工作不快乐的话，那么我们应该做的不是换一份工作，而是找到工作中的兴趣点，爱上自己的工作。

在一个公司的财务部有三名会计。有一天，财务总监辞职了，老板想要从内部提拔一个人成为财务总监，于是他来到了财务部。正巧，三个会计都在做表格。于是老板问道：“你们在做些什么？”

第一个会计头也不抬，不耐烦地说道：“做表格。”

第二个会计则抬头看了老板一眼，继续低下头去，说道：“在工作。”

而第三个会计则微笑着看着老板说道：“在做明年的预算数据，有可能的话数据算完预算会比上报的更少一些。”

老板什么都没说就离开了。但是第二天第三名会计就成为了财务总监。对此老板是这样解释的：“财务总监是公司中最重要的位置，如果没有纵观全局的眼光，没有站在公司立场去思考，那么这样的员工是无法胜任的。”

做着同样的事情，却有不同的心态，自然也就有不同的结果。其实任何组织当中都有这三种员工，第一种每天期期艾艾，一边不愿意干，一边又不得不干；第二种则是工作，但是没有思考，就像是机器人，别人安排什么就做什么，一点主动的意识都没有；而第三种则明白自己在做什么，又该做什么。试问，哪个领导会选择前两种员工呢？

薪水是我们工作的报酬，但并非我们工作的全部，如果只是看着薪水，或者说带着厌倦去工作，那么这样的心态一定会成为我们的绊脚石。不管我们的梦想是什么，我们在组织当中现在的位置是什么，只要我们摒弃杂念，心无旁骛地投入到工作当中，那么不远的将来我们一定可以扶摇直上。到了那个时候，你就会明白，工作，不仅仅是工作，更是一种享受，一种乐趣。

宁愿渴望去做，而非必须得做

在竞争激烈的当下，已经不仅仅是拼能力的时代了，毕竟在这个人才济济的环境当中，并不难找到能够胜任一份工作的人。那么在组织这条大船当中，我们又怎么能够获得竞争优势呢？拼硬实力的时代已经过去了，现在组织越来越注重员工的“软实力”，也就是说，在能力之外，我们还应该有一些职业人的闪光点。

闪光点可能有很多，但是对于任何一个组织而言，都不会拒绝一个积极向上的员工，积极向上，远比能力更加重要，因为积极的态度会让人主动去完成很多工作，高效的工作自然为组织节省了成本，创造更大的价值。而不懂得自主自发的员工，一味等待着别人“喂养”的员工，是很难在组织当中获得竞争优势的。

想想看，如果你是组织领导者的话，你希望自己的员工是什么样的？你肯定希望自己的员工机灵一些，能够举一反三，知道自己的工作范畴，什么都不用你操心，而且有很强的上进心，不用你催促就可以提前完成工作，还会不断提高自己的能力。你肯定不会想要一个说一句话做一件事的员工，更不会希望找一个需要你无限次催促才勉为其难完成工作的员工。

这样一来，我们要成为什么样的员工答案就显而易见了——成为积极主动的员工。如果每个员工都需要领导催促工作的话，那么组织是很难快速发展的。对于一个自主工作的员工来说，他会主动去要求进步，而员工进步了，组织自然也就进步了，这才是组织领导者期望看到的现象。但若是我们等着领导拖着走，那么我们就扯了组织的后腿，跟不上组织的脚步迟早会被组织抛弃。

小常上学的时候他是一个非常懒惰的学生，在学校里，总要老师逼着学习、写作业。每当小常作业没有完成的时候，老师都会非常生气地说："你到底知不知道你在为谁学习？"每当这个时候，小常就会不懂事地说道："既然不是为你学习，你这么管我做什么？"

这样的对话多了，老师到最后也选择了放弃，说道："现在你还小，所以为了你好我才这样教你学习，等以后没有人愿意教你的时候，后悔你都来不及。"

因为学习不努力，最终小常没能考上大学，而是进入了一个专科学校。专科学校并没有那么严厉的老师，所以学习非常轻松，这对于小常来说是再理想不过的环境了。可是毕业进入社会之后，小常才开始后悔。他一直认为只要自己开始工作了就自由了，但是他发现找工作并没有想象中那么容易，好不容易找到了一份工作，没有两天就被辞退了。小常拿着不合格的文案去找主管讲理："您不能因为一份报表不合格就开除我，我刚刚毕业，还没有经验，也没有人教过我该怎么做。"

主管看了看小常，说道："年轻人，这里不是学校，做不好不是理由，做好那是你的本分。没做过你不会问吗？你身边都是有经验的老员工，难道你还希望有人主动来教你？你不愿意进步，又怎么能怪别人呢？这不仅仅是一份报表的事情，而是你工作态度的问题。"

回去之后，小常想到了老师曾经告诉他的话。自省过后，他又开始努力找工作了。或许是极度渴求一份工作，小常的努力得到了认可，一个小公司聘用了他。进入新的公司之后，小常有很多不懂的地方，但是他再也不等着别人来吩咐他做什么，而是积极主动地去请教上司，希望安排给他一些工作，做完自己的工作之后，他还会第一时间去要求下一份工作，工作当中有不懂的地方也不再等着别人最后来告诉他，而是主动地去请教别人，就这样，小常很快就得到了重用，成为了一个部门的负责人。

每个组织在对员工进行培养的时候都希望能够培养员工的自主意识，有独立思考的能力，有积极进取的态度，这样组织才有活力，才能够前进。而我们想要在组织中获得一席之地，就应该跟从组织的发展方向修己正身。

很多工作对于我们而言是分内的任务，就算困难也是我们义不容辞的责任，也是绝对躲不过去的，如果我们想着办法找借口、找托词推卸不想做，那么结果很可能这项困难任务我们不用做，但以后也许就再也没有工作可做了。而对于那些不愿意做，却又不敢说不做的员工，往往会把工作拖到最后一秒，在不得不做的情况下去完成，这样做完的工作不仅质量不高，还会让我们的能力和态度被重新审视。

所以，不管从哪个方面来说，我们都应该主动去进步，渴望去进步，而不是被工作追着走，被领导盯着跑。如果你有事业上的雄心，渴望得到进步，那么我们眼前的一项项工作就是我们“通关”的必备条件，想着完成工作后我们会得到进步，以目标为指引，在渴望当中积极进取，那么我们的能力也能在最短的时间内得到提升。若是我们只用责任感束缚着自己，那么我们也许能够努力一段时间，却很难维持高效的工作状态。

工作就是付出多少能收获多少的事情，想要未来一片光明，我们就要渴望着光明，这样才能给自己最大的前进动力，如果我们只是压抑着自己的渴望，那么时间久了我们就会习惯于等待，习惯于被逼迫。到了那个时候，我们就算委屈也不会得到任何怜悯，因为机会不是没有过，而是我们没有选择去争取。

真正无欲无求的人并不是一个优秀的员工，毕竟没有哪个组织愿意原地踏步而不谋求发展的。事实上，我们每个人都有一个上升的机会，只在于我们愿不愿意去争取。成功是很多人争破了头想要得到的，我们若是心里有着期待，却又不想去争取，那么又怎么可能有天上掉馅饼的好事呢？

身在职场，我们要知道自己想要的是什么，更要知道怎么才能得到自己想要的，只是一味地等待是不可能实现梦想的。想要什么就去争取，没有人会逼着你去幸福、去成功，只有我们自己力争上游才能获得理想的生活和工作。

从现在开始，学会渴望明天，渴望去工作，这样我们内心的渴望才能变成现实。

少抱怨，多行动

如果说当今最伟大的科学巨匠，无疑我们会想到斯蒂芬·霍金，现代人对黑洞和宇宙的研究是由他引领的，正是这位科学巨匠奠定了坚实的基础，我们对浩瀚的宇宙才有了更多的了解。当然，他的贡献远不止于此，他还写出了《时间简史》这部畅销全球的科普读物。而完成这一切的他，在21岁时就因为可怕的肌肉萎缩症而全身瘫痪了，他的大部分研究和惊世巨作都是用他仅能活动的一根手指敲打键盘完成的。

虽然斯蒂芬·霍金一直待在轮椅上，但他并没有放弃过对科学的探索，他还时常坐在轮椅上到各个地方去做学术报告。有一次，在学术报告结束的时候，一名年轻的女记者走上了讲坛。她是敬仰这位大师的，但是在敬仰之余，也有深深的怜悯，于是她情不自禁地问道："霍金先生，您因为病症而终生再也不能离开轮椅，你是否觉得命运对您太过不公呢？"

这是事实，可是当她说出这句话的时候，无疑说到了别人的痛处，所以即便是出于真心，问题还是尖锐得可怕，一时间，整个大厅都安静了下来，气氛有些尴尬。

不过霍金并没有因此而尴尬，也没有痛斥这名女记者的不懂事，他平静地笑着，用仅能活动的那根手指敲击着键盘，然后通过合成器播出了他的发言："我并非一无所有，我还有一根可以活动的手指，还有能够思考的大脑。有了这些，我终生追求的理想就可以实现，而我现在也正在一步步实现自己的理想。除此之外，我还有爱我的朋友和亲人，当然，我还有一颗感恩的心。"

霍金的发言结束了，短暂的安静过后，是雷鸣般的掌声，此时大厅中的人们再也没有面对弱者的小心翼翼，而是纷纷涌上讲坛，簇拥着霍金，表达着自己对他的敬佩。人们感动的并不仅仅是他所遭受的苦难，还有他在苦难面前不变的坚定和乐观。

客观地看来，命运对霍金是不公平的，他有才华，有能力，却被身体限制住了。但就像霍金所说的那样，虽然身体受到了限制，但是他的大脑没有受限，他依旧可以思考，依旧可以追逐梦想。对于现代的很多职场人而言，我们缺少的正是这种乐观和坚强。

看看周围的人，似乎总是在愤世嫉俗，好像整个社会都对不起自己，更不要说组织了，好像组织总是给自己最繁重的工作，想要剥削自己的最后一滴血，或者说组织给予的条件不够好，所以每天都在忙忙碌碌当中过活。

难道组织和社会对不起的就只有我们吗？当然不是，每个人虽然有不同的生活和工作，但基本的轨迹都是相同的，忙碌的不仅仅是我们，每个人都是一样；为了梦想奋斗的也不仅仅是我们，每个人都在努力追逐自己的梦想，只不过有些人实现得比较早，有些人则大器晚成一些。

只是，能够认识到这一点的人实在不多。人们总是习惯于推卸责任，将自己在组织当中的不受重用或是过于忙碌推卸给组织，好像自己已经尽了所有的努力，可组织就是没有看到，或者说没有充分了解自己就给了自己过于艰难的工作。难道我们自己就一点责任都没有吗？我们甚至于没有反省过自己就将所有的问题都推卸给了组织。

从组织的角度来讲，每一个员工都是一支潜力股，组织所希望的是能够把每个员工都培养成才，都培养成可以独当一面的人物，可是员工往往不能理解组织的苦心，总是习惯性地站在组织的对立面去思考，进而郁郁寡欢，抱怨组织的不公。

退一万步来讲，就算组织对我们真的有失公允，那么你又做过些什么呢？你有抗争过，或者说用实力来证明组织的错误吗？只知道抱怨而没有行动，说得再多也不过是纸上谈兵罢了。

在组织当中，我们习惯于将领导放在一个对立的位置，工作本是我们应尽的义务，但有些员工却总认为认真工作就是对领导的一种妥协，甚至于是一种溜须拍马的行为。而领导因为我们工作不努力或是出现失误而批评我们，本是应当应分的，我们却认定领导是故意而为之。

不管是哪一种，我们都搞错了因果关系。领导为什么会批评我们呢？又或者为什么没有给我们更高的薪水，更理想的职位？问题都出在我们自己的身上。员工是组织的根本，领导也希望每个员工都能够得到最妥善的安置，以确保组织的竞争力。但我们却一边不努力工作，一边又对现状诸多不满，抱怨连连，实在是不应该。

其实，不管我们身在什么职位，接受着什么样的待遇，我们对领导都应该有一种最起码的感恩，至少领导对我们有知遇之恩。从这一点上来讲，我们就应该要努力工作，为组织付出了。如果我们的待遇条件不够好，那么我们就更应该通过实际行动向组织证明——我值得更好的待遇和地位。

李明和乔宇是一个部门的同事，两个人是同期进入公司的。在办公室里，李明要比乔宇受欢迎得多，虽然他沉默寡言，但是却非常有行动力。当工作安排下来之后，他肯定第一时间去完成，即便是加班，李明也没有一句怨言。有时候，一些办公室里的“元老”还会交代给李明一些不属于他的工作，李明知道这些人是想偷懒，但还是什么都不说，把这些完成，即便最后功劳并不属于他。

而乔宇呢？他能言善辩，刚进办公室的时候凭借着一张巧嘴拉拢了很多同事。但是很快人们就发现乔宇只是嘴上功夫罢了，不管什么工作，他答应得好好的，到了最后时刻总有办法临阵脱逃。即便是这样，乔宇还是对自己的工作不满意，觉得太辛苦。觉得老员工欺压新人。

经理虽然没有说什么，但两个人的表现他都看在眼里。没过多久，部门经理的位置有了空缺，经理就将李明提拔到了部门经理的位置。而乔宇则对此愤愤不平，还找经理理论："我和乔宇同期进入公司的，为什么您偏偏选择了他？"

经理看了看乔宇，说道："我不仅仅安排他，对你也有了安置。从明天开始，你就不用来上班了。"

"为什么？"

"你自己想想看，来公司之后你做了多少事？每天不好好工作，还总是散播消极情绪，这样的员工我可不敢用了。"经理说完乔宇羞愧地低下了头。

在职场当中，抱怨成为习惯的人已经不知不觉被消极情绪所侵袭了还不自知，当我们被消极情绪控制的时候，抱怨就不再是情绪的发泄了，而是一种可怕的传染病。没有一个组织会允许消极情绪传染源的存在，所以不管是为了组织还是为了我们自己，抱怨这件事我们都应该取缔。

其实，换个角度来想，我们或许就没有那么多不满可抱怨了，我们在组织当中的一切其实都得益于组织和身边同事的付出，我们可以说一直在享受着他人的奉献。组织给予了我们平台，同事给予了我们帮助，领导给予了我们提携，这样想来，我们的工作并非一无是处。

而且，我们之所以会抱怨，往往是不愿意去做自己的工作，试着摒弃杂念努力看看，说不定我们就会沉醉于工作当中。组织这条大船带领我们乘风破浪，想要到达目的地，我们就要把行动落在实处，这样我们才能从让我们不快的风浪中脱离出来，尽快到达成功的彼岸。

无论何时，我们都要记住，比起抱怨，行动更有效果。

工作更多需要高情商

现如今，竞争已不再是人与人之间进行的了，而是团队与团队之间进行的。因此，团队合作在组织当中也显得越来越重要。一个人可以做好自己的分内事，但是，如果是一项任务，那么单打独斗显然是不行的，此时就要求我们和同事、对手、客户以及领导加强联系。

人与人之间的纽带说白了就是高情商，如果没有高情商，可能与人交流都成问题，那么我们的工作自然也是举步维艰。这也就要求我们，工作除了提升自己的专业技能之外，也要培养自己的高情商。

情商究竟是个什么东西呢？简单来说，就是我们为人处世的原则和态度，每个人性格都不相同，处理问题时的方式也有所差别，如果我们不考虑别人，只考虑自己，是无法与人进行合作的，更不要说前进了。毕竟组织是一个大家庭，任何一个家庭的稳定都离不开成员之间的和谐，而我们培养自己的情商也是身在组织不可或缺的一门课程。

简单说来，工作不仅仅是我们一个人的，在为组织效力的时候，我们必须学会配合他人。

比利是一家酒店的人事总监，负责人事调动方面的工作，除此之外，他还时常培养员工们的应对能力，这样在面对突发状况的时候大家才能心里有底。而他之所以如此注重这方面，完全是他升职所得的经验。

当他开始做服务生的时候，曾经布置过很多会场。通常一些大企业开年会都会选在他们酒店。有一年春天，酒店的合作方要来这里开会，大堂经理特别吩咐服务生要机灵一点，因为合作方会带来新的合作人，这关系到酒店第二年的发展，要大家一定不要有所疏忽。

比利在客户入住酒店的第一天就发现了，那个潜在客户是一个左撇子，所以他马上记录下了这个情况，然后写在了餐厅的备忘录上，还告诉了第二天接班的服务生。这样那名服务生就在第二天早餐的时候按照客户的习惯调整了刀叉的摆放。当这名客户入座之后，服务生又非常自然地将水杯放在了客户的左手边。注意到了这个细节的客户非常感动，当即决定签署第二年的合作协议。

而比利也因为这次有功而得到了提拔，他就是通过这些方面的灵敏反应，以及对同事的关照而慢慢成为了人事总监的。

对周围的人给予适时的帮助，在细节方面展现自己的体贴，是一种高情商的表现。在组织中事事以自我为中心，不问窗外事的员工，很难有一个良好的工作环境，毕竟现在不是封闭的时代，而且想要在一个组织当中居高位，就需要得到周围人的认同，否则就算你身居高位，也不会有人真心服从。

另外，我们有时也要懂得分担责任的重要性，这也是高情商的一部分。既然是一个团队，那么组织的事情就是我们的事情，组织的问题就是我们的问题，组织的责任自然也是我们的责任。当团队作业出现问题的时候，如果你选择逃避推诿，那么就是将同事和组织推开了，这种看似明哲保身的行为实则让自己损失更多，而这个时候我们若是站出来承担责任，除了能够得到领导的认同外，也会得到同事的感激，如此自然能在组织当中如鱼得水。

我们要培养良好的人际关系，当然最根本的任务不能忘记，那就是做好我们分内的工作。做好我们的工作也是高情商的一种体现，一个情商高的人，懂得化解工作中的困难和消极情绪，时刻调动自己的细胞，保持激情，这样不仅仅对自己的工作有利，对整个组织的环境都是一种正面的影响。

若是觉得自己工作不舒心，只知道在心里排斥，那么这就证明了你没有很好地疏解自己的情绪，调节情绪是工作中非常重要的，工作时刻在变，可我们的激情不能变，每当自己情绪低落的时候，我们就应该要想办法激发自己的热情。想想我们的未来，想想我们的梦想，以激情为助力，在职场平步青云。

摩尔是一名普通的基层职员，但是在同事们眼中，他更像是一个打杂的，因为他工作的时候看起来总是很笨拙，也因为这样，就连职位比他低的人都可以差遣他去办事，每次摩尔都没有怨言地去做。

后来因为公司的人事调整，摩尔进入了销售部。他进入销售部之后的第一个团体任务就是要达成400万美元的年销售额。这个数字实在是太不现实了，许多人都这样想，就连销售部经理都觉得这个目标定得有点不切实际。于是大家抱着不可能的态度依旧我行我素，只有摩尔真心地为了达成这个目标而努力，他拼命地工作，不停地加班。

而结果证明摩尔的努力没有白费，还有一个月才到年终的时候，他就已经完成了属于自己的那部分销售额，而销售部门的其他员工大多都只完成了一半。因为销售额的问题，销售部的经理自动请辞了，而摩尔由于表现突出，被任命为新的销售部经理。

上任之后摩尔依旧拼命工作，这样的状态影响了部门的其他销售人员，再加上摩尔真的完成了自己的销售额，于是大家便坚信努力是有回报的，终于，在年底的最后一天，销售部完成了400万美元的销售额！

摩尔这样对自己的下属说："相信自己，只要我们跑起来，总有一天能学会飞翔。"

信念和激情对于工作而言是不可或缺的存在，如果我们总是对着工作唉声叹气，或者和大家一起抱怨，那么结果除了失败别无他选。但我们若是能够把自己当成一个精神领袖，通过自己的行动去影响周围的人，那么在获得成功的同时我们也会获得同事的尊重。

这些都不是工作的专业技能，却是工作当中最需要的。我们对组织和工作的态度，往往决定着我们的未来。工作无非两种状态，要么热爱，要么放弃，只能二选一。当我们不愿放弃的时候，就要竭尽全力去让自己走得更远。

不过若是我们是组织的元老级人物， 那么我们对情商是否还有所要求呢？答案是肯定的，情商和工作能力是一样的，居高位需要相对优秀的工作能力，自然需要高情商。因为当我们身在领导者的位置时，需要面对的往往是所有员工，而上级和下属之间的关系更是需要妥善处理，如果我们倚老卖老，仗着自己是组织的元老，那么很难凭这一点说服众人，只有身先士卒，尊重下属，恩威并施，我们才能坐稳自己的位置。

升职是一件难事，但守住职位更加艰难，升职的时候我们一无所有，甚至于没有退路，所以我们可以抛弃一切，努力奋进。但是当我们身居高位之后，又当如何呢？拥有得多了，需要守住的东西就更多，考虑的东西也就更多，而此时的我们更加没有退路。想要守住自己的位置，就要放下元老的心态，平易近人地与员工相处，培养一种朋友关系，这样我们的职场生活才能顺风顺水。

先有压力，再有动力

从前有一个国王，他有一个待嫁闺中的女儿，为了给女儿找一个好夫婿，国王张贴告示，召集全国的勇士前来征婚。年轻的小伙子们看到告示都纷纷前往，毕竟这是迎娶公主的大好机会，如果自己成为了公主的丈夫，那么未来王位一定也是自己的。

但是国王设定了一个关卡考验勇士们，就是在城堡外挖了一条很宽的沟渠，里面注满水，将城堡围绕起来，沟渠上不设吊桥，沟渠中放了许多条活生生的鳄鱼。国王说道："勇士们，你们谁能够渡河，我就将公主许配给他！"

此时勇士们也泄气了，毕竟想要迎娶公主需要冒着生命危险，谁又能轻易拿自己的生命开玩笑呢？一时间，大家你看看我，我看看你，都没有了主意。

就在国王以为没有人敢于挑战的时候，就见一个小伙子"扑通"一声跳下了水，然后拼命游向对岸。一切发生得实在是太突然了，就连沟渠中的鳄鱼都没能及时反应过来，当有的鳄鱼开始回头的时候，这个小伙子已经顺利游到对岸了。

国王喜出望外，拉住年轻人的手说道：“你真是一等一的勇士，我宣布，你就是我的驸马了。你有没有什么愿望？”

只见年轻人喘着粗气说道：“我只有一个愿望，就是找到刚刚推我下水的那个人！”

这不过是一个故事，但也证明了一点，那就是我们在面对困境的时候潜力会被激发出来，而我们的潜力往往是超乎想象的，在这种潜力的支配下，我们可以完成自以为不可能的任务。

在如今的职场当中，困境或危险也可以理解为压力。在这个竞争激烈的环境当中，我们时刻被压力围绕着，但这种压力并不是对每个人而言都是好东西，有些人因为压力而绝处逢生，也有些人因为压力而失去方向。

压力在如今来讲实在是太普遍了，我们时常能够听到有人抱怨：“压力实在太大了！我快喘不过来气了。”有时，我们也可能是抱怨团队当中的一员。确实，压力能够让我们食不知味，夜不能寐。但这只是一个视角的问题。

压力并没有我们想象中那么糟糕，觉得自己没有还手之力只是因为被压力压垮了。可是压力并没有那么可怕，它甚至是我们成功的阶梯。我们并不知道自己的能力极限在哪里，但压力恰恰可以将我们的潜力“压”出来，能力得到了提高，自然在职场可以战无不胜。

所以我们不要听到“压力”两个字就变了脸色，对其退避三舍，相反地，我们还应该迎上去，善待压力，感谢压力，因为它的存在，我们才有了前进的动力。如果说我们是旋转的陀螺，那么压力就是那条让我们保持旋转的鞭子，如果某一天压力消失了，那么我们前进的动力也就没有了。

既然身在职场，我们就要有陀螺的精神，让压力帮助自己一直保持战斗力，我们就能到达梦想的彼岸。

实际上，很多成功人士的事业都得益于压力的陪伴。张瑞敏是海尔公司的领导人，虽然现在看他无比风光，但怎样走到今天这一步，只有他自己知道。在20世纪80年代的时候，张瑞敏可以说是临危受命，当时的海尔集团设备落后，员工素质低下，工作状态散漫，公司的制度形同虚设，当时张瑞敏已经是第五任厂长了，他之前的每一任厂长无不是踌躇满志地来，然后失魂落魄地走。

但张瑞敏顶着巨大的压力扛了下来，他当时就决定要进行改革，这需要顶着巨大的压力，可是他没有因此而放弃，甚至在很多人看笑话的状态下坚定不移地进行了改革。在所有人都不看好的情况下坚持了下来，所以才有了今天的海尔集团。

身在职场，说没有压力是不可能的，但仍旧很多人走在消除压力的道路上，只是这条死路越走越窄，越走越绝望，最终败下阵来。何必视压力为眼中钉肉中刺呢？压力或许是一种重量，但事实是我们正需要这种重量。工作不容易，身在职场，我们每个人都像走在钢丝之上，这种时候，我们需要的是压力这个有重量的平衡杆，也只有它足够重，才能帮我们保持平衡。

所以善待压力吧，不管它来自自身还是竞争对手，我们将压力当作动力，就没有什么可怕的了。

在加拿大有一名久负盛名的长跑教练，好几个队员在他的培养下成为了长跑冠军。人们对此都感到非常好奇，究竟有什么秘诀呢？终于有一天，这个教练说出了他的秘诀。原来，他能够培养出世界冠军全在于他有一群很好的“伙伴”。

教练的伙伴是一群经过训练的狼。之所以有这样独特的想法，源于他的一个队员。为了锻炼队员的耐力，他告诉队员来训练的时候要从家里跑着来，绝对不能利用任何交通工具。这名队员是他队伍里成绩最差的，他的家离训练基地最近，但总是最后一个到。

没想到，有一天这个队员竟然第一个到了，甚至比别人早到了十几分钟。一开始教练以为这个队员早起了，问过之后才发现不是这样，而是出了点意外。原来，这个队员家到训练基地之间有一段5公里左右的野地，这片地域是没有人居住的。那天早上，就在队员跑到那里的时候竟然看到了一只野狼！

野狼因为饥饿而疯狂地追起了队员，而队员为了逃命只能拼命地跑。就这样，最终他将野狼远远地甩在了身后。教练听后陷入了思考。一个成绩最差的队员在危机面前能够激发出巨大的潜力，那是不是说每个人都有着成为冠军的资质呢？

于是第二天教练就找来了几只狼，并请了一名驯兽师对这些狼进行训练。当确保狼没有危险性并能够听从指令之后，他便开始用野狼训练自己的队员了。当队员开跑之后，他就将狼放开，让狼追着队员跑。

虽然队员们都知道这些狼不会伤人，但出于内心的恐惧他们还是会拼命地跑，就这样，在野狼的帮助下，队员们的成绩都有了一个飞跃。

当我们在努力减压的时候，那些迫切渴求成功的人却在寻找压力。这也证明了一点，压力确实能够让我们发挥出巨大的潜能。压力当前，我们就会时刻告诫自己，必须倾尽全力，否则自己就会处于危险之中，这种警示作用让我们可以避免懒惰的吞噬。

如果我们觉得自己压力很大，那么我们就是幸运的，因为压力大证明着我们还有很大的发展空间，我们还能做更多自己想象不到的工作。如果我们没有压力，反倒是应该担心的，因为没有压力就证明组织对我们没有期待，我们的发展也就到此为止了。

不要把安逸当成是一种幸福，安逸是最强的麻醉药，让我们对时间和梦想都失去知觉，只有压力这剂强心针才能将我们唤醒。如果累了，那就让压力作陪，我们就会发现，其实自己还有很多精力，还能走得更远。

成功的喜悦永远大于偷闲自乐

工作时应该是一种什么样的状态？我们都清楚，但是很多人在工作的时候往往是“偷偷摸摸”的，比如领导在的时候，我们就表现出一副拼命三郎的架势，虽然可能只是做做表面功夫，并没有真的在工作，但至少在领导眼中我们应该是优秀员工，但是领导走开之后，就是另一种情况了，打开一个网页，浏览一些新闻，反正总有一些闲散的事情可以帮我们打发时间。

这样一来，工作就成了做给领导看的“面子工程”。如此看来，员工和领导之间就像是老鼠和猫，一个想着突击检查，另一个想着怎么避开突击检查，双方在追逐当中浪费着时间和精力。

偷闲自乐真的有那么幸福吗？答案应该是否定的，因为我们工作总是有任务总量的，每天什么都不做是不可能的。既然我们拿了薪水，就会被分配相应的任务，一时的偷欢并不能真正让自己躲避工作和责任，最后到了成果验收的时候，我们是否有在努力，自然会展现在包括领导在内的其他人眼前。

工作这件事，你付出多少就能得到多少回报，每天都偷闲度日，到了最后再匆匆忙忙赶工，不眠不休几个昼夜，最终能不能完成还是待定，勉强完成之后也不可能做得很好，毕竟组织不会养闲人，分配给我们的时间自然是按照我们的工作来定的，我们缩短了工时，成果自然也要缩水。

其实，工作当中并不是没有快乐，如果你努力完成过一项工作，就应该体验过成功的快感。成就感能够让我们感到幸福，甚至比发薪水还要让人感到满足。一项完美的工作，往往能够让我们度过一段充实的时光，即便其中有艰辛的部分，当度过之后，就连困境都成为了我们难得的回忆，而我们也只有经过不断地磨炼才能取得更好的发展。

如果我们总是拖延，平时偷闲自乐，到了最后一刻才努力奋起，那么我们是很难获得组织的认同，也很难有所进步的。没有过程，是无法直接跳到好的结果的，总是不愿意工作，当着领导一个样，背着领导又一个样，那么最终浪费的无疑是我们的时间，拖累的还是我们自己。

如果我们心存梦想，那么工作时间自然会被我们安排得满满的，在我们感到精神紧绷，不堪重负的时候，可以适时地休息，但我们休息的时间也应该是在工作计划当中的，若是总想着悠闲，那么大好的时光就被我们浪费掉了。真正明白自己想要什么的员工一定不会浪费组织这个大好的平台，更不会浪费去而不返的时间。因为工作即便辛苦，但那是我们前进中必须经历的阶段。明确自己的明天想要什么，那么繁忙的喜悦要远大于偷闲的乐趣。

有一个教授被三星公司邀请对其进行访问。因为白天的时间比较紧张，所以最终教授决定下午6点半的时候去公司参观。在下午6点半教授到达三星公司之后，大吃一惊，因为他觉得这个时间点应该只有少数安排陪同参观的人会在那里，可是当他到那里的时候，发现整个大楼都亮着灯，进去之后他才发现，所有的员工都在自己的岗位上工作着，这个状态就像上班时间一样。

于是教授问道：“请问你们这里的工作时间和其他企业不同吗？”

“不，完全一样。”陪同人员回答道。

听了这话教授有点不好意思，因为他觉得因为自己晚到而影响整个公司的员工下班实在过意不去。看出了教授的尴尬，陪同人员贴心地解释道："您无须自责，并不是因为今天您来大家才这样的。他们现在努力工作的样子也不是做给您看的。实际上我们公司的员工从来没有在下班时间准时离开公司过。并不是我们强迫员工加班，而是他们习惯了完成每天的目标之后再结束一天的工作，而他们也习惯了制定满负荷的工作量。"

"难道你们给员工制定的目标很高吗？"教授不禁问道。

"不是的，他们只是知道自己想要的是什么，为了实现自己的理想又要付出什么。我们只是告诉了大家想要得到就要付出而已。"陪同人员微笑着解释道。

"那么这么晚还不回家，第二天会不会晚到呢？"

"基本不会，因为加班到很晚虽然我们可以允许第二天晚来，但是停车位有限，来晚了会非常不方便，所以大家不管前一天工作到多晚，第二天仍旧会按时上班。就像我说的那样，他们知道要怎样做才能为自己谋求更大的发展，所以他们每个人都在工作中付出全力。对于现在的他们而言，不仅仅是为了公司工作，更是为了自己的目标而奋斗，所以他们每天的工作都是精力充沛的，或许是想到了自己的目标，所以才能如此快乐地工作吧。"

进入职场之后，我们就该明白，自己已经成为应该独当一面的成人了，这种时候领导不会像我们的父母和老师那样督促我们完成任务，积极进取，想要到达目的地，就需要我们强烈的自主能力支持。

若是要在悠闲和忙碌当中做出选择，相信没有人会喜欢忙碌的日子，谁不想过得轻松一些呢？但工作就是如此，没有忙碌就没有效率，没有效率自然谈不上成绩。所以我们在组织当中应该学会的是自主工作的能力，而不是想办法投机取巧，用悠闲混日子。

既然是组织当中的一员，拿着组织给出的薪水，我们就有义务贡献自己的价值。我们的存在价值关系着组织的发展，更关系着自己的将来。真正的价值并非我们的潜在能力，而是更好我们为了组织能够付出多少力，想着偷闲而不努力工作，那我们能力再高对组织也毫无价值可言。

投机取巧乍看之下似乎让自己获得了好处，但是沾沾自喜只能害了自己。

小陈是一个聪明人，这是周围的人对他的评价。小陈是一家公司的文员，工作相对而言比较轻松，只需要完成领导交代的一些公文就可以了，除此之外，并没有什么特别忙碌的时候，就连年底大家连轴转的时候他也是清闲的。

一开始小陈对自己的工作非常满足，毕竟这样悠闲又有钱拿的日子不是谁都有机会过的，但是随着他越来越放松自己，工作状态也变得越来越差。以前领导给他一些公文他都会第一时间处理完，然后留出大把的时间去做其他的事情，但是渐渐地，他开始拖延了，就连轻松的工作也不能让他满意了，好像什么都不干才是最理想的状态。

有好几次，领导都催促小陈他才开始处理领导交代下来很久的事情，这让小陈觉得越来越跟不上领导和同事们的节奏了，需要和同事们配合的时候他更是没有默契，大家都忙忙碌碌，却总在他这一环掉链子。

但小陈却总是能够在领导面前表现出忙碌的样子，领导一走，他就打开网页看一些篮球比赛。一开始他还很得意，但是慢慢地他却在悠闲的生活中有了焦躁的感觉，总觉得有什么追着他跑一样。终于，有一天领导抓住了他看视频的现场，而且此时小陈还有很多工作没有做，领导一气之下就把小陈开除了。

忙里偷闲确实能够在短时间内给我们带来某种快乐和得意，但是从整体来看，这样的状态并不会持续很久。因为工作没有做完，我们在浪费的时间中悠闲，却又焦虑着没有做完的工作，到了最后甚至有种走投无路的感觉。而造成这一切的都是我们自己。为什么一定要被工作追着跑呢？我们如果能够掌控自己的工作，那么对于我们而言工作就没有什么痛苦，甚至还有很多喜悦，因为我们一天天不是混日子，每天都过得充实，有所收获。

自主工作能有多难？很多人之所以想要在工作中偷懒，无非是因为工作对于他来说是一种折磨。但实际上工作和组织当中都有很多美好的东西，比如组织当中的同事们，都是我们人生路上的阶段伴侣，也是和我们并肩作战的战友，每天上班都能看到朋友，难道这还不是一件令人高兴的事吗？再者说，工作也并非是乏味不堪的，对于我们做过的工作来说，同样的工作可以让我们更轻松，没有做过的工作充满了未知的乐趣，这些难道就不是美好的吗？

工作的意义在于我们怎样去定义。能够从工作的忙碌中找到乐趣的人才是组织当中的强者。想想自己的未来，看看自己的梦想，也许你就有了前进的动力。从悠闲走到忙碌或许有些困难，但当你迈出第一步之后，就会发现，奋发而成功的喜悦远大于偷闲自乐。

第十一章
扬帆远航，与组织共成长

在我们加入组织的那一刻，也许组织已经初具规模，但不管多么庞大的组织，也都和人的成长是一样的，从蹒跚学步到跳跃奔跑。不管我们的组织现在怎样，未来它都是会成长的，就像我们自身一样。因此，我们要抱着信任的态度去和组织一起努力，扬帆远航，共同成长。

眼光放长远，不为薪酬而工作

有时候，决定我们未来走向的并非能力，而是我们的眼光。我们看得有多远，就能努力走多远，看到的只是眼前的一星半点，那我们得到的也就只有一星半点。所以说，人与人之间在职场上的命运并不取决于环境，而是取决于我们自己。

仔细想想看，那些成功人士在谈到自己的梦想时，我们想到的是什么呢？觉得对于自己太不现实了？如果有这样的想法，那么我们的眼光也不会有多高，自然我们也就不能“一览众山小”了。那些成功人士也并非生下来就是成功的，他们也是从最平凡的工作做起，只是他们知道自己的梦想是什么，目标是什么，从而才能一步步走到事业的巅峰。

只要有事业心，有成就未来的决心，就没有什么事业是无法成功的，因为我们的人生很长，谁也不能决定自己未来的极限在哪里，觉得自己走不远，只能维持现状，那么我们就只能在组织的基层；如果我们觉得自己应该要居高位，那么我们就会为了达到自己的目标而努力进取。

眼界广者其成就必大，眼界狭者其作为必微。袁术可谓是心机斐然，但是他所看到的利益只有眼前的那一点点而已，所以没到合适的时机就贸然称帝，最终落得个众叛亲离，群起而攻之的局面。与之相比，拿破仑显然有纵览全局的意识，他想得到的不仅仅是法国，而是整个世界，因此他才能一步步扩大版图，成就了欧洲的一个神话。

如今太平盛世，我们的事业自然不是天下了，而是在我们的工作领域获得多大的成就。对于那些眼光狭隘，目光短浅的人而言，也许工作只是糊口的工具，而一份工作对其价值往往通过薪水的高低来衡量。这样无异于画地为牢，很难在事业上取得理想的成绩，即便是为着高收入而不断地更换工作，也很难达成自己的愿望。而对于那些将工作看成是理想奠基石的人而言，薪水就只是工作的一部分附加值了，而一份工作真正的价值在于它能够为自己的理想提供怎样的平台。

这就是人与人之间的差距，我们若是总是看着薪资来选工作，那么我们对工作的认识也就非常有限，我们也很难积极主动地去做工作，因为组织与我们之间只有雇佣与被雇佣的关系，所以我们只需得令而行便可。但若是我们以自己的事业心和未来的目标看待工作，那么我们对工作就会有更深层次的理解，工作起来自然更加得心应手。

不管我们现在在做着什么样的工作，我们都没有看轻它的理由，因为人生就是一个很大的链条，谁也不知道我们的起点是不是一个最关键的环节。当然，更为重要的还是我们要了解自己究竟在为谁工作。

如果你认为自己是在为组织工作，那么我们就只能永远抱着打工的心态而工作。我们所聊的永远都会是庸俗的身外物，但若是我们为了自己而工作，那么人以群分，我们交往的人自然也都是成功人士，或者说是成功人士潜力股。而成功人士聚在一起的时候聊得更多的是人生和事业，这会帮助我们的眼光更加高远，让我们看到更为广阔的世界。

目光短浅，只想着薪水的人往往对工作充满了很多的抱怨，比如薪资不高，领导有些刻薄，工作辛苦，等等。似乎眼前的一切没有一丝一毫能够让自己满意，但想要跳槽却永远是嘴上功夫，因为薪资所以很难放手。一边说着组织的不好，一边又想依仗组织混日子，这样的员工，又怎么可能拥有一番事业呢？

一个想要活出自己的人，往往在一开始就决定了自己要什么，为了自己的目标，他绝对不会将眼光放在眼前的那一点点薪资上，因为从整个人生和事业的角度来讲，薪资实在是太不值一提的小事了。工作和人生一样，有得必有失，若想要一个理想的平台，最理想的情况是这个平台有着理想的收入，但更常见的可能是发展前景大一些，薪酬相对较低；发展平台已成定式，薪酬相对较高。这个时候，我们就需要根据自己的需求做出抉择了，若是从长远考虑，自然可以牺牲眼前的一些利益，毕竟当我们成功之后，所得的必不仅仅是这一点点多出的薪水。

职场上的发展有时就像是玩魔方，想要拼出一个完整的团，总需要在必要的时候退上那么几步，而牺牲的也就是一点点薪水了。

若要看发展前景，显然比起薪水我们更应该重视一个能够不断提升我们能力的机会，根据马斯洛的需求论，当一个人追求自我实现的时候，才是站在了需求的制高点上，而薪资仅仅是需求当中基本的一环。为了薪水而工作，那么我们不可能有乐趣可言，更加糟糕的是我们甚至可能赚不到钱。而想着未来去努力，在我们到达目的地的时候，就会发现，财富已经不知不觉累积起来了。

诺基亚公司曾是世界著名的手机领导者，而詹森正是这家国际企业当中的一名普通员工。在研发部工作的他总想设计一款能够一炮而红的手机，这是他的理想。

有一天，同事发现詹森闷闷不乐，便问道："怎么了，心情不好？"

"唉，缺少那么一点点灵感。"詹森有些无奈地说道。

"这次的任务不过是改进一下原来的机型而已，并没有什么需要头脑风暴的地方啊。"同事有些不理解地说道。

詹森依旧眉头紧锁，说道："总是改进机型，并不能让手机有什么质的飞跃，我一直想设计一款新颖便利的手机，所以现在想趁着有这个平台好好设计一款，能够让公司赚钱，又能实现我自己的理想。”

同事听后摇了摇头，说道：“你不要不满足了，说白了，咱们不过是公司的一名普通员工，手机未来的市场会怎么样那也不是咱们操心的问题。再说了，如今诺基亚已经是国际品牌了，不管从性能还是造型上都已经深入人心了，在此基础上做就可以了，为什么还要革新呢？”

詹森没有说话，但他并不认同同事的说法，他希望在现有的基础上能够更加努力一点，以实现自己的理想，就算加班也无所谓，这本来就和工资没有什么关系。于是他开始在完成公司分配任务的基础上更加努力地去工作，有闲暇的时间就考虑怎样设计出符合消费者需求的新颖手机。

偶然的一次，詹森发现很多时尚人士有一个共同的特点，就是不管男女都会随时带着手机、一次性相机和袖珍耳机。这给了詹森灵感。对于消费者而言，如果有一款可以同时拥有通话、照相和听音乐功能的手机，那是不是非常时尚而又实用的呢？这样的手机一定会很有市场。于是第二天，詹森就找到了主管，说出了自己的主意：“如果咱们能够将MP3的功能加入到手机里，那么人们就可以听歌了，同时加入一个摄像头，这样拍摄照片就会非常方便，也便于人们发送。”

主管听后也觉得主意很好，于是便将这件事全权交给了詹森负责。而詹森终于获得了梦寐以求的机会。在他的努力之下，研发团队很快就交出了满意的答卷，而手机一经推出，就马上流行起来了。

詹森在追求梦想的过程中感受到了快乐和成就感，实现了自身的价值，也得到了应有的奖赏。

成功并不是那么困难的事情，只要我们看向成功，摒除那些关于薪水之类的杂念就好了，心无旁骛，自然能够向着一个方向坚定不移地前行了。薪水不过是我们工作的一种报偿方式，并不是工作的全部，比起这种附加价值，我们更应该着眼于工作本身的价值。

我们的未来值多少钱是不可能有一个具体的数字的，也可以说根本无法用物质去衡量。没有人知道自己的潜力究竟有多少，自己究竟能够走多远。谋生不是事业，谋生是被动地工作着，被工作赶着跑，而工作则应该是在我们掌控之下，是我们达成目标的一种工具。金钱固然诱人，但对于富人来说，再多的金钱也不过是符号而已，对于他们而言，金钱不再具有诱惑力。我们想要成为成功人士，那么就要懂得按照成功人士的思维和态度去思考，我们就不该被物质迷惑了双眼。

为了明天而奋斗，我们可以当作是一种投资行为，到了梦想达成那天，仅仅是利息都要远高于我们曾经看重的那一点点物质。想要有充实的人生，就必须拥有自己的事业，而想要拥有自己的事业，就需要我们看到自己的未来。

最棒的船员，就要不断努力奋斗

在自然界当中，那些掠食性动物向来不会坐吃山空，即便一次的食物没有吃完，它们也不会在第二次该进食的时候去吃剩下的食物，而是将食物储存起来，去猎捕新的食物。这样它们就能一直保证自己有充足的食物。

在职场当中也是一样，我们想要获得真正安逸的生活，那么就会一直在奋斗当中，而不是有了自己的工作和职位就裹足不前了，因为不奋斗就意味着倒退。任何一个组织都要谋求发展，若我们不能跟上组织的步伐，那么原本属于我们的工作也可能面临着失去。

就像我们每天都会思考第二天吃什么饭一样，我们总需要提前考虑明天的事情，因为明天是未知的，我们只在今天逍遥，到了明天遇到危机的时候我们只会感到措手不及。

能够在组织当中风生水起的员工显然是聪明的，他们懂得为自己谋划未来，懂得思考明天的自己该做些什么，这样一直保持着前进的态度，才能和组织的发展相吻合，才能符合组织的需要，和组织共同发展、成长。但若是总把组织当成一个温床，那么最终我们便会被那些奋斗进取的人所取代，被组织淘汰掉。

要想在未来有所发展，我们必须保证在组织当中能够站得住脚，那么我们就应该要把握组织的发展趋势，让自己跟着组织的速度，甚至是超于组织的速度去努力发展，这样我们才能够抢占先机。高瞻远瞩、审时度势都离不开我们与之相匹配的态度和行动。如果我们像皮筋一样松松紧紧，那么我们始终都只是原地踏步，想要利用组织这个平台成就自己的未来，我们的奋斗和努力就不能有所间断。

其实，奋斗是一种习惯，若是我们习惯于懒惰，那么我们在听到不断奋进的条件时自然会感到疲劳，即便我们还没有去做，但若是我们已经在努力了，那么渐渐我们就会发现奋斗并没有想象中那么辛苦，甚至于还能给我们带来一种喜悦。

实际上，不仅仅是平凡岗位上的普通员工需要奋斗，就连那些已经成功的人也要不断奋斗，甚至于比我们所做的努力还要多，因为一个成功人士所负责的往往是一个组织。李嘉诚是我们眼中当之无愧的成功人士，但是他也从未放弃过奋斗，无论是一无所有的初期，还是家财万贯的现在。

对于任何人而言，没有看向未来的眼光就不可能有长久的发展，而以长远眼光来看待自己，我们的现在就自然会和目标相距甚远，这个时候，我们自然就要付出百分之百的努力去靠近自己的目标，而达成目标之后，我们仍旧需要继续奋斗以守住自己的成果。领导需要高瞻远瞩，带领组织奋进，我们从组织中人的角度来看也好，从个人发展角度来看也罢，同样需要努力奋起。

以未来为导向，我们就无法安逸，就必须让自己在危机感当中努力下去。奋斗，最基本的是做好我们的本职工作，但这只是基础，初步阶段。如果我们想要在组织这条大船上成为最棒的船员，那么仅仅做好眼前的事情还远远不够，我们还要为自己的未来铺路，不断提升自己的专业素养和专业能力，而这些都离不开学习。

在组织当中，最有潜力的员工往往是最受领导重视的员工。因为一个能力已经定格的员工，是很难有超越的发展的，而一个想要进取的员工，即便现在的能力还不够，但只要我们拿出态度，努力完善自己，那么任何一个组织都愿意给这样的员工一个机会，甚至于为这样的员工搭建一个合适的平台，毕竟培养出一个领班人也是对组织大有裨益的。

在现代职场，大部分人如果没有相关的能力或者知识，那么不要说成为优秀员工了，只怕想要在组织中立足都是非常困难的，如果我们具备相关的能力，那么我们也不能满足，要知道，我们在一个领域当中相较而言是非常渺小的，我们所掌握的技能也仅是一个基础罢了，想要有更好的发展，就得不断给自己充电。如果故步自封，没有提升自己的想法，那么我们就会失去前进的动力，那么我们所面对的结果自然就是被淘汰了。

李爽是一家贸易公司的销售人员，她已经在这个企业兢兢业业地工作了7年的时间了，从她毕业开始，就进入了这家公司，并且一心准备在这家公司实现自己的人生理想。在她进入公司的时候，这个公司规模还不大，但是从老板到员工大家都斗志满满，所以在一群人的不断努力下，7年的时间，原来的小公司已经发展成为一家上市公司了。

李爽虽然是个女人，但工作起来的劲头丝毫不输给男人们，连续几年她都获得了“优秀员工”的称号。但是两年前李爽结了婚，之后她就把重心放到了家庭当中，在工作上也没有那么卖力了。她想自己怎么说都是公司的老员工，应该可以轻松地在公司里混个一官半职。

事实上，公司确实有计划要培养李爽做部门经理，因为她做事干练，眼光独到，是再合适不过的人选了。于是公司也提出过要送她去进修。对待这件事，李爽总是想办法推辞，总认为自己有家庭，会拖累为理由。最终，这件事就不了了之了。

如果在几年前，李爽一定会因为培训这件事而感到兴奋，但是现在的她生活稳定，并不想让自己忙碌，所以才会拒绝。没多久，公司就招进了一个新毕业的大学生，并将她安排在了李爽身边做助理。这下李爽更加不愿意奋斗了，有什么事都交给助理去做，而助理则像李爽刚毕业那样，非常认真，什么都认真地学习。除了李爽交代给她的事情之外，这个助理还在业余时间继续进修计算机和外语。

后来，这名助理就被公司安排去培训了，回来没多久就成为了部门经理。而李爽虽然没有因此而被忽视，但再也没有受到过公司的重视。李爽虽然觉得有些委屈，但也不愿意再去奋斗了，所以过了很久以后，那名助理再次升职，而她依旧原地踏步。

在这个竞争激烈的时代，任何事情都是瞬息万变的，我们有一刻的松懈就有可能失去重要的机会。机会只会留给有所准备的人，而我们只要保持着不断努力、奋斗的状态，就一定能够抓住机会，获得成功。

不管我们在组织当中处于什么位置，都要明白活到老学到老的道理。时代是进步的，组织是进步的，我们自然也必须要进步。想着自己专业技能强，经验丰富，也不过只是眼前的情况而已，如果我们习惯于吃老本，那么无疑会将自己置身于危险之中。

不管是技术还是知识，什么都是日新月异在发生改变的，我们不能第一时间掌握，就会落后于他人。所以，不管我们现在掌握的技能和知识有多先进，都需要持续地自我更新，这样我们才不会掉队，才能一直进步。

其实，不断充实自己并不会让我们吃亏，多掌握一些东西就多了一些可能，也就多了一些选择权，毕竟未来是我们不确定的。

在日本有一个年仅30岁就拥有几十亿美元资产的传奇人物，他就是系山英太郎，他是日本历史上最年轻的一位参议员。当人们问及他财富的秘诀时，他这样回答人们："善于学习是制胜的法宝。"而系山英太郎也确实是这样做的，即便他已经成为了参议员，坐拥几十亿美元的资产，他也从未停止过奋斗。

在他创业之前，他就已经养成了学习的习惯，不管是不是和自己的工作相关，只要是不懂的，他就一定要弄清楚。一开始他是一名汽车推销员，通过这项工作，他掌握了销售的技巧。之后他又对金融产生了浓厚的兴趣，开始研究金融知识，通过学习，他掌握了致富的方法。再后来，他开始学习电脑，并成立了自己的网络公司，时常还会发表一些对政治和时事的看法。即便到了晚年，他也已然热衷于不断扩充自己的知识和认识，依旧喜欢对未知领域发起探索和挑战。

也正是因为他不断地学习，使得他一直是日本人眼中的传奇。

给自己充电永远不会让你一无是处的，不管什么时候，我们只要想前进，就需要不断扩充自己的“含金量”，当我们真的发光的时候，自然就明白奋斗的价值了。

想要在组织当中成为最棒的员工，那么最基本的就是我们必须要让自己变得不可或缺，这才是我们能够发挥的最大价值。这也会成为我们的核心竞争力。

我们想要在组织当中发光发热，想要成为组织这条大船上最棒的船员，那么我们就有必要让自己变得不可或缺。也许今天的我们还处于一个比较不重要的位置，但现状并不重要，重要的是我们怎样走以后的路，怎样规划自己的未来。

当然，每个人都有这样的愿望，至于能不能够做到那就看我们的决心了。不管怎么想，提升自己都是最直接的路径。我们只有不断按照不可或缺的条件来要求自己奋斗，那么最终我们自然会看到想要看到的结果。

想要让自己成为不可或缺的重要人物，那么我们就要找到自己的强项并将其深化，如此才能让自己的竞争力得到提升。另外，我们也需要注重自己的“属性”尽量不与其他员工相重合，如果这样的话，我们就有成为备选的可能性，当然，最重要的始终还是我们需要不断给自己“充电”，以保持活力，不断奋起，最终成为组织这条大船的领航员。

组织的使命就是我们的使命

我们的发展与组织的发展是分不开的，而每个组织就像我们个人一样，都有自己的使命。对于一个政府部门来说，它的使命就是为人民服务；对于一个企业来说，它的使命就是不断提升自己在专业领域的位置，做到更加专业……

那么我们的使命又是什么呢？也许根据工作的不同会有不同的使命，但基本上为自己的工作负责是肯定的。我们努力做好一份工作，也就是使命感的一种表现。而组织既然给予了我们一项工作，那么这项工作的使命自然和组织的使命是相同的，即便不会一模一样，但至少不会背道而驰。

但是很多人对于使命感这个词语有所质疑，尤其是面对组织使命感的时候，很多人抱有一种观望的态度，更有甚者还会是一种嗤之以鼻的态度。好像组织讲的使命感不过是冠冕堂皇的话罢了，核心还是利益。如果我们和组织是这样的关系，那么我们内心对组织就不是一种真正的认同，那么我们和组织的气场肯定就不一样，貌合神离的关系是不可能让组织对我们满意，而我们也不可能高效地完成自己的工作的。

其实很多时候，也许只是我们没有意识到，实际上我们可能是在渴望一种使命感的，我们需要组织的认同，希望在组织得到一种归属感，而得到这一切并不在于我们该怎样要求组织，而是我们怎样去融入组织。

组织不是一个人的，而每个人都有不同的要求，所以我们要认同组织的使命感，把组织的使命当成自己的使命，当成自己努力的方向，把我们个人的目标融入组织的发展当中，这样我们才能找到一种安全感和归属感。

从组织的角度来说，自然需要让员工认同自己的使命，只有站在一条船上，大家才好向着一个方向使力。而我们若是能够顺应组织的期待，认同组织的使命感，我们也就真正进入到组织的大门当中去了。当然，组织也会把我们当成家人一样对待，我们也会得到应有的回报。

那么组织的使命感又是什么呢？我们可以从组织的文化和纪律当中找出一些答案和线索。举例来说，索尼的企业使命是改变生活状况，引入新的娱乐方式，提供新时代的技术和数字概念，与国内产业携手合作，通过承诺优质服务拉近与客户间的关系。而松下电器的使命是制造像自来水一样丰富的价廉物美的产品。我们以此摆脱贫困，给人们的生活带来幸福，使世界变得更加美好。海尔集团的使命是敬业报国，追求卓越。

可见，每个组织的使命都是不一样的，我们想要在一个组织发展，就必须了解组织的使命，理解组织的使命，进而认同，并调整自己的目标，让自己的目标和组织的使命融合到一起，组织的发展便是我们的进步，我们的发展也就能够引领组织前行了。

陈佳琪和鹏程两个人是同期进入公司的，但是半年过后，鹏程转正，还负责了很多重要的工作，而陈佳琪依旧和刚进入公司一样，没有什么区别。对此，陈佳琪总是愤愤不平，觉得自己也很努力，但公司对两个人的差别待遇，对自己太不公平了。

有一天，鹏程交代陈佳琪一项工作，然后就去忙其他的事情了，可是过了几天当鹏程向陈佳琪要资料的时候，陈佳琪还没有做。鹏程非常吃惊，问道：

“这份资料并不难找，怎么好几天了你都还没有做出来？”

“我觉得整个计划就是不对的，而且这和我的专业也不相符，我是学经济出身的，明白最重要的是利益最大化，但是现在这项计划并没有做到这一点，比如其中的很多公益措施虽然起到一定的宣传效果，但我们完全可以从其他方面入手，从公益方面来做的话成本会非常高。”

“老板当然知道这一点了，但是咱们企业就是主张回馈社会的，所以公益这部分内容一定不能取消。”

“这么做企业简直就是迂腐、愚蠢！”陈佳琪丝毫不掩饰自己的不屑。

看着陈佳琪这个样子，鹏程叹了口气，说道：“道不同，不相为谋，既然你和公司在最基本的认识这件事上都不符合，干吗还要在这个公司工作呢？我心里明白你对我也是非常不服气的，因为我升职了，而你依旧没有升职。可是你有没有想过，问题是否出在你的身上呢？”

有些时候，我们可能也会犯类似的错误，我们自以为是地对组织和领导品头论足，觉得自己无所不能，只有自己的使命才是崇高的，但组织也是一样。想要把组织当家，我们就必须把组织的使命当成自己的使命，否则即便我们能够在组织勉强待下去，也不会有好的发展，更不会有安然的心情。

为什么我们必须融入组织，这是因为组织的使命是不会改变的，它是组织未来的愿景和方针，因此组织的使命就是长久稳定持续下去的。另外，组织的使命就像是组织的骨骼框架，支撑着整个组织，如果我们试图去更改组织的使命，那么无异于要动摇组织的根基，所以能够改变的只有我们自己。

最重要的是我们必须明白组织的使命是对我们的一种激励，我们肩上的重任不仅仅是为自己，更是为了整个团体。

对于组织而言，一个能够认同组织使命的员工自然是最理想的，因为人们有着同样的目标和看法，组织才能有凝聚力和竞争力。因此，我们是否拥有组织使命感，也是组织对我们考核的一个部分。每个组织都非常看重员工对组织使命的认同感，只有有了这种认同感，员工才会积极自主地去工作，从组织的角度而言，减少管理成本也是非常重要的。

那么想要跟着组织这条大船扬帆远航的条件也就非常简单了，我们只需要从认同组织的使命感开始，将自己融入组织，我们的未来才会因为组织的发展而精彩。

和组织一同成长，实现双赢

从员工的角度来讲，都希望组织能够带动自己发展，而从组织的角度来讲，自然也希望员工能够积极进取，同组织一同成长。事实上，每个员工身在组织这条船上，就已经和组织融为一体了，自然关注组织的动向和发展，就是对自己未来的关注。

真正聪明的员工懂得为组织的发展出一份力，同组织一同成长，就会在组织飞黄腾达之后成为“元老”，可以说是我们事业发展的一条捷径，而组织也需要一个能够和组织共同进退的员工。一个愿意和组织一同成长的员工，是组织的核心竞争力，自然这样的员工会被组织需要和看重。

百度的创始人李彦宏1999年离开了美国硅谷这个“淘金地”，回国创业，当时他正好赶上了互联网热浪时期的末班车。回国之后，他发现国内没有自己的搜索引擎，于是经过考虑，他决定要做中国自己的搜索引擎。

在给搜索引擎起名字的时候，他犹豫了一番，后来在“众里寻她千百度，蓦然回首，那人却在灯火阑珊。”的诗句中找到了灵感，将搜索引擎定名为“百度”，并将这个搜索引擎的名字用作自己公司的名字。

在创业之初，李彦宏招了一批有志之士，大家都希望能够做出一番事业，于是一群年轻人开始埋头苦干。经过了5年多时间的奋斗，在2005年的8月，百度公司的股票正式在美国纳斯达克上市了。当时百度公司的股票发行价为27美元，一开盘就是66美元，之后百度公司的股票一路飙升，在当天收盘时，百度的股价已经到了122.5美元！足足达到了300%度的涨幅，创造了美国股市两百多年来外国公司首日涨幅的最高纪录，而且还成为了美国历史上上市当天收益最多的股票之一。在收盘的时候，百度公司的市值差不多将近40亿美元了！

历经几年的艰苦创业，李彦宏通过自己的坚持成功了，他和百度一时间成为了人们口口相传的传奇，而跟随李彦宏一同创业的那些精英们，也完成了个人事业，都成为了成功者，而当时这个大企业的员工平均年龄仅有23岁。

我们的个人价值可以说是跟随着组织水涨船高的，百度公司那些员工的成功就说明了这一点。当然，在百度建立之初，应聘到这个公司的员工们或许并没有想到自己能够走到这个高度，但是显然，他们是对组织和未来抱有希望和梦想的，在组织当中，他们尽职尽力地工作，和领导者一起度过了最艰难的创业阶段，也经历了互联网热浪时期后的低潮，最终通过大家的共同努力创造了奇迹。而这些和李彦宏并肩作战的员工们自然也在漫长的创业中和组织成为了利益共同体，当百度成为奇迹的那一天，他们的经历也成为了传奇。

如今，想要一个人做成什么事情实在太难了，因此，很多人选择了依靠一个组织，通过在组织内的奋斗实现自己的个人价值。和组织共同成长，显然是一个不错的选择。只是和组织共同成长需要一种坚守，可是有些员工总是看着眼前的一点点利益，觉得这个组织目前没有飞跃式的发展，于是就换一个，可是换来换去仍旧没有一个组织能够给自己一个理想的位置。与这样的人相比，那些选择坚守的员工自然会不断晋升，甚至于领导主动加薪，因为这些员工选择了和组织融为一体，共同发展。

李腾在一家外贸公司工作，虽然他还不到30岁，但他已经是这家公司的高管了。在他初入公司的时候，公司的规模还非常小，当时甚至没有一个完善的体系，有几个和李腾一起进入公司的人都因为公司内部的混乱而匆匆离开了，但是李腾没有这么做。他想，公司和人一样，总是需要经过蹒跚学步的阶段才能奔跑的，所以他选择留下来。

一开始，因为人手不够，李腾就要负责很多方面的工作，也就是说他根本没有本职工作这一说，哪里需要帮忙他就要去哪里。而且对于他而言，大部分工作都是陌生的，除了和同事学习之外，他还需要查阅很多书籍去了解。

但是经过了最难挨的这个阶段之后，公司有了发展，而且发展越来越好，后来公司规模扩大之后，李腾就因为了解公司所有流程，认真负责而成为了管理层人员。

成长是一个过程，更是一种责任。我们必须成长，因为我们成长了组织才能成长，如果组织当中的每个人都裹足不前，那么组织是没有任何前景可言的。在这个竞争激烈的环境当中，作为组织的一员，我们必须把成长当成自己的责任，以督促自己不断进步，为组织创造更大的价值，这样我们也就能够尽快实现自己的事业理想。

不从大环境看，就从组织当中看，组织的进退和我们息息相关。此时的我们若是承担起推动企业成长的责任，那么我们就已经开始和组织一起成长了。

组织的基础是人，也就是我们每个员工，我们每个员工都对组织有着重要的作用，如果能够意识到这一点，我们或许就会对自己的认识产生质的变化，我们并不仅仅是无关紧要的人，而是影响着组织发展的重要存在。带着责任感和自豪感去努力工作，才能快速成长，组织也就能不断壮大起来。

俗话说得好："种瓜得瓜种豆得豆。"我们在组织这片土壤当中种下什么种子，组织就会给我们什么样的果实。我们愿意和组织共同承担，那么组织也就给予了我们一同辉煌的权利，我们将组织的成长当成己任，那么组织自然不会吝啬为我们提供成长的机会。我们若是能够全身心为组织付出，那么我们自然也就能够在组织这个平台上得到最大限度的进步。说到底，只要我们真的为组织的成长尽了一份力，那么组织自然会给予我们相应的回报。

在进入组织之初，我们就该明白，踏入了一个组织的门，就是开启了一种生活的门，就是上了一艘扬帆起航的船，竭尽全力为组织奋斗，那么最终我们就会和组织一同成长，实现双赢！

不放过任何专业进修的机会

知耻而后勇，知不足而后强。没有人是毫无死角的，谁都会有有待改进的不足和缺点。这不是什么不可接受的事实，只要我们能够接受自己的不足，然后加以改进，不断完善自我，那么我们会越来越趋于完美。从这个角度来看，我们也可以将现实的落差感看作是前进的动力，正因为不完美，所以我们才要向完美行进。

但是，如果对自己没有客观的认识，觉得自己没有什么不足，那就是最大的问题了。尤其是在职场当中，我们谁都不能说自己已经把工作做得完美无缺了，任何事情都和我们人一样，有潜力，也有进步的空间，所以在工作中，我们永远不能说自己已经做得足够好，不需要再进步了。

在这个经济全球化、科技信息化和知识爆炸的新时代，越来越多的组织开始向着学习型转变，这样可以降低组织的风险。当然，前提是我们身为员工有进取的态度，有提升自己专业技能的自觉性和紧迫感。这样我们才会不断提升自己，乐于学习，充实自己，以确保自己有能力处理更为重要的工作。

毫不夸张地说，我们赶上了一个好时代，如今越来越多的组织注重员工培训，这无疑为我们提供了很多便利条件。在组织中想要受到重视，自然要不断提升自己，这是我们的义务，但现在组织为我们提供了带薪学习的机会，难道还有比这更为理想的状态吗？

培训和再教育可以说是非常难得的机会，如果我们对自己的未来有所期待，那么我们就要竭尽所能抓住这些机会。当然，每个员工或许都非常渴望，所以我们需要了解组织每次培训员工的培训方向和计划等多方面条件。

在机会面前不需要谦让，领导也会喜欢那些主动争取的员工。不要因为毕业多年就不想充实书本，活到老学到老，提升自己永无止境。

瑞克和格伦两个人是同期进入公司的同事。瑞克是名牌大学毕业的高才生，而格伦只是一个非常平凡的普通大学生。两个人虽然同时入职，但因为瑞克的能力比较高，所以薪酬也比格伦高一些。虽然两个人都没有什么工作经验，都在基层，但瑞克凭借着灵活的头脑和优秀的学习能力很快就适应了工作，与其相比，格伦的适应期就困难多了。

不过格伦好在心理没有不平衡，他知道自己起点低能力差，所以他努力学习专业知识，不管是工作时间还是下班时间，他都积极地和同事讨论，询问一些专业方面的问题，以求快一点适应工作，缩短和瑞克之间的差距。因为他用工努力又虚心好学，所以格伦在别人的指导下少走了很多弯路。

有一天，格伦因为查询一些东西而忘了下班时间，晚上9点钟了他还在办公室里，正巧让加班的老板看到了，便问格伦工作是否很吃力，否则为什么这么晚还不下班。格伦说道："现在适应得还好，只是我觉得自己的能力不够强，所以想多看看相关的东西，提高自己的水平。"听了格伦的话之后，老板点了点头，还介绍给他几个不错的专业网站，之后才离开。

过了一段时间，老板告诉格伦和瑞克，有一个专业的培训课程，想要安排他们两人参加。格伦非常开心，但瑞克则不愿意参加，因为他觉得自己学习能力很强，和同事学习就够了，去参加专门的课程会浪费不少时间，这些时间足够他做很多事了。就这样，格伦参加了专门课程。

由于格伦的不断努力，不知不觉当中他和瑞克的能力已经不相上下了。又过了半年时间，瑞克和入职一样，还是没有什么变化，而格伦则通过长时间的进修和努力，已经成为了公司不可或缺的人物。又过了一年，格伦因为工作突出而成为了部门主管，而瑞克依旧在原来的位置上做着相同的工作。

专业技能是组织看重的，但愿意学习的态度更是组织所重视的。一个乐于积极进取的员工是每个组织都欢迎的。而组织领导者自然也愿意提拔那些有上进心的人，这样的员工对工作的渴望，对进步的渴望对组织无疑有着一种积极正面的作用。

所以，我们目前的能力并不代表我们以后，不管我们现在的专业能力有多强，都不能放下持续学习的决心，尤其组织主动出面给予我们专业进修的机会，我们更应该好好把握。只不过有些员工对学习有一种抵触心理，不愿意在工作之余还要做一些费脑筋的事情，但是，如果我们不努力提高自己的专业素养，到时候被淘汰掉，我们会费更多的脑筋去找工作。

身在组织我们就不是旁观者，如果有专业进修的机会，我们就要想尽办法抓住。就算没有这样的机会，我们自己也不能放松懈怠，我们可以自己主动接受培训，即便要花一些钱和时间，也绝对是保本高回报的投入。

如果时间实在有限，那么我们也可以在工作当中学习，当然，在工作当中学习我们就不能为了学习怠慢工作了，我们可以在工作和实践当中锻炼自己的专业技能。不要觉得这样太过辛苦，换个角度看看，这可是“带薪学习”呢！

其实只要我们渴望学习，有学习的态度，那么并不用担心没有学习的机会。在工作当中，我们可以直接向同事学习，在我们的同事当中，肯定有比我们经验丰富，比我们专业技能强，比我们资历老的人，每个员工身上都有属于自己的闪光点，我们如果能够将同事的优点都吸收过来，那么对自己又何尝不是一种提升呢？

除了同事之外，领导也是很好的学习对象，向领导学习是一个必备的过程。领导之所以能够成为领导，他肯定有着超越普通员工的专业技能和经验，甚至于还有普通员工所不具备的眼光。我们可以多和领导走动，从中学到对自己有用的东西。不要下班之后就和领导成为陌路人甚至是“敌人”，要知道，领导身上有着我们最需要的东西——学习怎样成为一个领导，一件事领导会怎样作决定，等等。

当然，除了同事、领导之外，客户也好，对手也好，都可以是我们学习的对象。学习没有止境，进修是对未来最好的助力。所以于公于私，我们都要时刻带着学习和进修的态度去工作、去生活。

学会带着思考去工作

每个人对工作的看法都不一样，不过我们可以大致将职场人分为两种，一种是机械地工作，日复一日，越干越没有干劲，越来越厌倦工作，越来越迷茫的人；另一种则是相同的工作总是一次比一次有进步，越干越有精神，目标越来越明确的人。

从组织的角度来看，后者显然是比较理想的员工，毕竟组织要谋求发展，需要的是能够进步的员工，需要机灵的员工，机械化的工作谁都能够胜任，这样的员工在竞争中毫无核心竞争力。就像麦当劳创始人克罗克则说的那样：“如果两个人的观点相同，其中一个人就是不必要的。”

想让自己成为组织里比较重要的员工，那么我们就要在工作当中费点心思，工作的目标是非常明确的，但是工作的过程却由我们来决定。你若是不想动脑，甘心做苦力，那么谁都没办法让你进步，但若是你带着思考去工作，那么即便是相同的工作，做得多了你也会有不同的领悟，自然也就有所突破，甚至于还可以找到工作的乐趣，每天开开心心地工作。

面对挑战往往能够激发人们的活力，我们何不用自己的大脑给自己一些挑战，让工作轻松一些呢？

从前有一家牙膏公司，因为生产了一款性价比很高的牙膏而出了名。在这款牙膏刚刚推出的时候，销量非常高，但是经过几年之后，董事会发现销售额开始停滞不前了。究竟是什么原因造成了这样的结果？为了找到解决的对策，公司召开了一次管理层的会议，对这件事情进行讨论。

会议刚开始的半个小时当中，各个部门都在以往的经验中侃侃而谈，却丝毫没有什么有用的建议。就在会议陷入僵局的时候，一个年轻的经理站了起来，说道："我想我找到了解决问题的办法。"

这个年轻人话一出口，会议室马上安静了下来，大家纷纷把目光投向他，似乎在询问。年轻人说道："我建议将咱们的牙膏的开口扩大一毫米。"

年轻人说完，有些人就马上问了："现在说的是销售方面的问题，产品没有任何问题，你说产品包装做什么？"

年轻人并没有因此而怯场，他不急不慌地解释道："我也在用咱们公司生产的牙膏，牙膏确实不错，我也一直使用这一款，但是牙膏消耗量很小，我用很久才能用完。我觉得大部分人和我一样，挤牙膏都是从牙膏尾部挤一下，出来多少就用多少，之所以咱们的牙膏在前些年销量剧增，是因为人们都渐渐开始更换牙膏，购买咱们的产品。当咱们的产品占据市场之后，人们就会陷入停滞期，毕竟牙膏没有用完就不会买新的，但若是能够把牙膏的开口扩大一点，同样挤一下牙膏就会多出来一些，消耗变大了，使用周期就缩短了，人们购买的频率自然会增加。"

年轻人解释完之后，所有人都明白了这个措施的意思，于是改进了牙膏的包装。果然，牙膏开口扩大之后，在第二年牙膏的销量又开始增加了。

在工作当中我们总会遇到各种各样的问题，有些时候我们可以凭借以往的经验或者固定的措施解决，有些时候则需要动动脑筋。牙膏公司的这个年轻人打破了思维定式，考虑到了问题的各个方面，真正的地思考过后自然能够找到方法。

勤奋是我们工作中必不可少的条件，但只有勤奋是远远不够的，勤能补拙，但智慧能够让我们节约时间，提升效率，提高工作质量。从这个方面来说，思考，在我们的工作当中同等重要。

很早以前我们就知道，大脑越用越灵活，如果我们能够在工作中加入一些思考，那么工作的结果可能就是一个质的飞跃。任何组织都喜欢灵活一些的员工，对于那些死板的员工，只能做一些基础的工作。如果我们多动动脑，让自己的工作更灵活一些，那么我们在工作当中也就更有竞争力一些。

磨刀不误砍柴工，先思考然后再去做，并不会浪费我们的时间，还能让我们的效率得到最大限度的提升。

有一个零件制造厂，老板想要看看自己的员工们平时是怎样的工作状态，于是便走到了流水线上去观察。到了流水线每个人都在工作，只有一个设备操作员坐在那里，似乎在等待着什么。老板好奇地上去问道："杰克，是设备出了什么问题吗？"

"没有，一切都正常得很。"杰克答道。

"那现在我想应该是工作时间而非休息时间，你怎么还没有动工呢？"

"我在等技术员前来校准设备。您真该批评一下这个技术员了，我已经等了二十分钟了，电话都打了两次，还不见有人来。"

"为什么你一定要等他校准呢？"

"这是工作的流程不是吗？他不来我怎么开工？"

"校准是很困难的事情吗？"

"不，很简单的工作。"

"这台设备你用了多久了呢？"

"大概有20年左右了。"

听到这里，老板叹了口气，说道："杰克，你用了这台设备整整20年，到现在你难道连最基本的校准工作都还不会吗？"

"这您可说错了，我闭着眼睛都能做到。"

"那你为什么不自己校准一下？既然对方有事不能赶来，你自己做就可以了呀。”

“这是流程不是吗？”杰克又重复了一遍说过的话。

老板听后无奈地摇着头离开了，第二天，杰克收到了老板的一张纸条，上面写着：“杰克，我希望你能够带着思考去工作。”

在工作中我们应该脚踏实地，遵守组织的各项规章制度，但这并不意味着死板，我们头脑要灵活，工作同样也要灵活。有时候蛮干不一定就能把工作做好，动动脑筋，说不定我们就能够找到一条捷径。

通过动脑找到的捷径并不是偷懒，而是我们对工作的一种认真。就像故事中的那种情况，稍微动一下脑子，就该知道孰轻孰重了。埋头于工作是一种态度，但动脑思考则是一种方法。工作没有一成不变的，对待不同的工作，在不同的条件下，我们也需要学会变通，学会调整。

如果我们死板地按照领导制定的方针政策。领导交代的去做，那么我们就只是基层员工，并一直都不会有什么突破发展。如果我们想要在组织中成长，那么我们就必须学会思考，毕竟领导的工作就是思考，而不是根据指示做事的。

图书在版编目（CIP）数据

这是你的船：主人翁精神行动指南 / 何鹏著 .—北京：中国华侨出版社，2016.4

ISBN 978-7-5113-6026-7

Ⅰ . ①这… Ⅱ . ①何… Ⅲ . ①职工 - 修养 - 指南 Ⅳ . ① B825-62

中国版本图书馆 CIP 数据核字（2016）第 066911 号

这是你的船：主人翁精神行动指南

著　　者 / 何　鹏
责任编辑 / 子　田
责任校对 / 孙　丽
经　　销 / 新华书店
开　　本 / 670 毫米 ×960 毫米　1/16　印张 /17　字数 /235 千字
印　　刷 / 北京建泰印刷有限公司
版　　次 / 2016 年 6 月第 1 版　2016 年 6 月第 1 次印刷
书　　号 / ISBN 978-7-5113-6026-7
定　　价 / 32.00 元

中国华侨出版社　北京市朝阳区静安里 26 号通成达大厦 3 层　邮编：100028
法律顾问：陈鹰律师事务所
编辑部：（010）64443056　　64443979
发行部：（010）64443051　　传真：（010）64439708
网址：www.oveaschin.com
E-mail：oveaschin@sina.com